U0038512

100% 共感プレゼン

共感簡報

三輪開人／著
李瑷祺／譯

改變自己、也改變他人的
視覺傳達與溝通技巧

三民書局

前言

「我說的明明是對的，為什麼對方就是不肯配合呢？」

長期以來，無論是在工作上或私領域，我一直對這件事百思不得其解。和主管發生意見衝突，導致工作無法進行；因價值觀的分歧而和妻子發生口角……

明明那麼不想和人起爭執，但每當我把自認正確的意見告訴別人時，對方就會變得不悅，雙方因而對立。

舉個生活中的例子，比方說「愛狗族」和「愛貓族」的差異。你喜歡的是狗還是貓？假如你是愛狗族，你會怎麼向愛貓族說明狗的魅力？

其實，九成以上的人都會在此時用錯表達方式。面對一個愛貓族，說再多貓的缺點或狗的優點，都不可能打動對方。

我們該做的是，尊重愛貓族的心情，告訴他們貓的許多魅力，在狗身上也看得見。站在聽者的立場，選擇能讓對方產生共鳴的說法，才能打動人心。

也許你會想：「原來你要講的就只是這個啊？」

然而，一旦實際上臺做簡報，真的有很多人做不到這一點。

不只是上臺做簡報而已，我們在和家人或男女朋友閒聊時，跟主管、同事開會時，向客戶推銷時，同樣也會發生意見的對立與衝突。

我根據多年來的不斷反省，終於自創出一套能讓聽者被打動，進而願意提供協助的說話訣竅，我稱之為「共感簡報」。而這本書就是為了向各位介紹這套方法而撰寫的。

我們的世界裡，存在著數不盡的意見對立。

今天晚餐要吃什麼？三項新事業提案中，要選擇哪一項成立？在上百項的國家政策中，要選擇哪一項執行？

這世上，事與願違遠遠多過於一如所願，因此有對立也是在所難免。但放著對立的狀態不管的話，最後迎來的就有可能是分裂的下場。這次新冠病毒所造成的世界分化，就是一個象徵性的例子。

發生在二〇二〇年的新冠肺炎大流行，不但造成了人與人的分裂，也造成了世界的分裂。各國領袖一邊揭示正在上升的感染人數，一邊向國民大聲呼籲「Stay Home」（待在家裡）。然而，改變了國民行為的，卻不見得是領袖們的聲音；反而是許多市井小民的聲音，在「嚴禁非必要外出」上立了大功。

到底是什麼打動了大眾？

真正打動聽者的，既不是資料數據，也不是劃時代的創新構思，而是那些緊張的聲音、潸然的淚水，以及說話者希望大家絕對別外出的迫切心情。

邏輯無法打動人心。

光靠權力或正確性，是無法改變他人行為的。聽者只要產生了百分之一的不信任或反感，就不會有意願採取行動。這就是人性。

要促使聽者做出行為上的改變，就必須讓他們產生百分之百的共鳴。

為此，我們需要的是，直言不諱地說出自己的脆弱之處和失敗經驗。

能夠撼動聽者、引發共鳴的，不是強大而是脆弱，不是成功經驗而是失敗經驗。

這正是我當上經營者後，學習到的說話藝術的精髓。

我說的話曾經沒人要聽

身為NPO（非營利組織）法人e-Education的代表理事，為了讓開發中國家的孩子們接受到更好的教育，平日我都在請求他人提供捐款或協助。

「請你幫幫生活在距離日本遙遠的某個亞洲國家的鄉下貧困學生！」對於這個話題，日本的商務人士恐怕提不起一絲興趣吧。

我所拜託的對象，當然也都是從毫無興趣開始聽起的。我是在如此嚴峻的狀態下展開話題，慢慢贏得聽者關注，打動聽者的心，讓他們在話題結束時，產生百分之百的共鳴，進而允諾協助，並付諸行動。

這就是我這七年來持續從事的工作。

「我說的明明是對的，為什麼沒有人要聽？沒有人要行動？」

在不斷碰壁、經歷無數次的挫折後，我終於領悟一件事，那就是無論說得再怎麼正確，聽起來再怎麼厲害，都不如讓聽者產生共鳴來得重要。

當我將簡報內容做了一百八十度的大轉變後，如今已有數千名人士在支持我們的活動。UNIQLO 的母公司迅銷集團（Fast Retailing）、瑞可利控股公司（Recruit Holdings Co., Ltd.），以及國際牌（Panasonic）等日本代表性的知名企業，乃至世界銀行等國際組織，都對我們的活動產生共鳴，並支持贊助我們的活動。若非我在做簡報時看重共感的重要性，絕不可能達到今日的成就。

二〇一七年，日本最大型的商業會議「ＩＣＣ峰會」（Industry Co-Creation Summit，產業共創峰會）所舉辦的簡報大賽上，我在大企業、新創公司的經營者及幹部雲集的比賽中，獲得了冠軍。對創業者而言，這項大賽有如「簡報的天下第一武林大會」，我在這個具有影響力的舞臺上，得到了亮眼成績。

我當天做的簡報，後來也在 YouTube 上公開，至二〇二〇年六月為止，已超過七十萬次觀看[1]。即使大賽奪冠已是三年多前的事了，至今仍有許多人觀看這支影片。

只有共感才能解決全球性的課題

這世上充斥著無法靠一己之力解決的問題。

要想改善狀況，就必須尋求更多人的支持與協助。此時，我們需要的正

[1] 編註：至二〇二一年一月為止，已超過一百萬次觀看。

是能使聽者產生興趣、受到感動，進而想伸出援手的「共感簡報」。

新冠肺炎感染擴大後，我們正面臨人類史上百年不遇的劫難。病毒的大流行硬生生地讓蟄伏已久的各種社會問題，鮮明地浮上檯面。貧富差距、種族歧視、以美中為象徵的國與國的緊張關係……全球都被捲入這場混亂的漩渦之中。

然而，無論問題再怎麼艱難，都只有一個解決方法。

那就是先牽起你身旁的人的手。傾聽他人的不同意見，站在對方的角度思考。換句話說，就是讓自己對他人共感。

唯有如此，我們才能建立起更美好的世界。

如果只根據邏輯理論、全體最大適合度來做決策的話，在不久的將來，AI（人工智慧）應該能做出比人類更正確的判斷。那麼，人類若想要活得富足充實，今後不可或缺的就是與他者的連結。
也就是彼此扶持、相互理解、分享情感。換言之，共感將是讓人類不被AI取代的最大武器。

讓你重視的人成為你的助力

我想在這本書中傳達的，不只是簡報的技巧而已。
而是要讓各位在工作上及私領域，都能將自己的想法好好地傳達到對方心坎裡。
就算是不擅言辭、害羞怕生也沒關係。
如何用你最真實的個性，讓聽者理解、產生共感的傳達和說話方式的精髓，都收納在本書中。

不擅長在眾人面前說話、對銷售語言沒有自信、夫婦關係不圓滿。有這方面課題的人，只要學會了共感簡報，就能讓你保有自我而又充滿生氣地與人交流。

若能透過共感，讓周圍的人接納原原本本的你，讓你重視的人成為你的助力，這將會是一種至高無上的喜悅。

但願共感成為改變你未來的武器。

那麼，就讓我們進入正題吧。

二〇二〇年七月
三輪開人

目次

第2章 讓人感受到這是「我們的事」的「共感腳本」

以美國前總統歐巴馬的傳奇演說為目標

第3章

保留殘缺，刺激想像的「共感投影片」

以賈伯斯的簡報為範本

第4章 以展露弱點拉攏對方的「共感口白」

將魯夫的「人格力」視為教科書，不當最厲害，要做最惹人愛

第5章

在不斷重複中潛移默化五感的「共感訓練」

向練得比誰都勤快的鈴木一朗看齊

終章

簡報是為了誰而做

今後時代所需的「共感」能力

出洋相、離婚、
下屬離去、營運連連失敗……

在人生谷底孕育出的「共感簡報」

「我想跟你談談婚宴的費用。」

二〇一六年四月，大約在登記結婚一個月後的某天晚上，妻子一臉嚴肅地對我說。

「其實，這樣下去的話，婚宴可能會辦不成……」

那時場地已經訂好了。然而，費用比我們想的還貴，妻子似乎因此感到焦慮。

當時是我成為NPO法人經營者後的第三年，我們正好在這個時期將日本籍全職員工，從三人增加至五人，因此組織完全是入不敷出的狀態。

雖說如此，但我成為經營者也有一段時間，逐漸了解財務問題該如何面對。解決預算超支只有兩種辦法——降低成本及增加營收。

此刻，不正是將工作所學的知識，運用在生活中的時候嗎？

我的大腦立刻切換成工作模式，整理出預定成本和刪減項目。同時，也擬好了一套兼職計畫，增加自己的收入。

「能讓成本降低最多的就是菜色了。減少遠方親友的邀請人數，也可以省下一筆交通費。這樣的話，看來就只能減少宴請的人數了。如果人數無法減少，提高我的兼職收入似乎也行得通。最近剛好私下接到委託的案子，只要在國外多出差一個月左右，應該就能賺到足夠的錢。」

我一邊手拿資料，一邊向妻子這樣簡報。我如法炮製工作上的要領，不過度悲觀，傳達目前所能執行的最佳計畫，一項一項地仔細說明。

妻子一定會破涕為笑的。我甚至還有點期待著，她會因此覺得我是個可靠的丈夫。然而，事情卻完全出乎我意料之外。

妻子突然臉色一沉，一臉悲傷地說：

「為什麼你可以說得這麼事不關己？如果你要多出差一個月的話，那婚宴的準備怎麼辦？全部要我一個人處理嗎？」

我感到十分困惑。我哪裡事不關己了？我完全搞不懂。因為我之所以要增加在國外出差的時間，也是為了滿足她的期待啊。

明明提出了詳實的方案，但卻得不到讚美。豈止如此，甚至還有種被指責的感覺。我一把火上來，提高了音量回道：「我哪裡事不關己了?!」高漲的情緒難以降溫，結果兩人一路吵到深夜。

隔天，醒來後腦中第一個浮現的，就是妻子邊流淚邊控訴著「婚宴的事你完全沒有打算幫忙就對了」的表情。

雖然我很想反駁，但又不想繼續爭吵，於是我心念一轉，想說那就用行動來展現我會幫忙準備婚宴的決心。

接下來的每一天，從工作結束到深夜，我都開始窩在咖啡廳裡查資料。我整理出婚禮的程序，徹底調查如何才能既不降低品質又能壓低成本。座位表和桌上名牌，靠自己DIY的話就不用花什麼錢。我有影片編輯的經驗，只要自己製作影片，就能降低成本……。

「好，這樣一定行得通！」我將工作內容一項一項地填入Excel中。

最後，我終於完成了「婚宴待辦事項管理表」，從賓客名單的製作到婚宴後聚會的流程，總共細分成兩百五十一個執行項目。我將所有執行項目的預定完成日和估計費用都輸進表格，甚至還規畫好如何讓我在海外出差的那一個月期間，也能持續進行婚宴的準備。太完美了。

「這段沒日沒夜查資料的日子，將來也會變成美好的回憶吧。」

我得意洋洋地返家，向妻子進行了我精心策畫的簡報。

她一定會向我展開笑靨的。我這麼期待著。

然而簡報結束後，我看到的卻是掛在妻子臉上的一行淚水。

「你真的是一點都沒有顧慮到我的心情吧。」

我困惑不已，連她是什麼時候開始落淚的都不知道。她繼續說：「我不是要你給我建議，我只是想讓你知道我不安的心情。你最近每天都弄到這麼晚，你知道我一個人在家是什麼心情嗎？」

我被說得啞口無言。結果我只是單方面在說自己想說的話而已，完全沒有試著去理解妻子的心情。

但我是一直到了和妻子離婚之後，才明白這件事。

我缺少的是「共感」

離婚幾個月後，我在日本最大型的商業峰會 ICC Partners 主辦的創業募投競賽「CATAPULT GRAND PRIX」中奪冠。我在這項被創業者譽為「簡報的天下第一武林大會」的舞臺上奪冠的影片，後來也被公開上傳至 YouTube，截至二〇二〇年六月為止，點閱數已超過七十萬次。

「三輪先生的演說真的太令我感動了！」

奪冠至今已過了三年，仍不時有人在觀看影片後寄給我這樣的感想。

一個無法理解對方心情，而不停惹哭妻子的遜咖男，如何打動未曾謀面的聽眾？

我與當時不同的地方只有一個，那就是「共感」。

所有感動人心的簡報都有一個共通點，那就是能讓聽者「共感」。

構成簡報的要素只有四個：腳本、投影片、口白，以及訓練。

要分別在這四部分下功夫，以撼動聽者的心，讓他們願意提供實質性的幫助。

而本書的目標，就是讓各位讀者能實踐出這樣的「共感簡報」。引發興趣、打動人心、贏得實質性幫助的「共感簡報」。

這是我流過無數次淚水，經歷過無數次心痛又可恥的經驗後，才研究出的方法論。

因此，接下來要先跟大家聊聊的是，過去我無法讓對方「共感」，而在事業、感情上不斷挫敗的生命故事。正因我經歷過許許多多缺乏共感所導致的失敗，才會在人生谷底深深感受到「共感」的必要性。

腳本、投影片、口白，以及訓練。

我究竟在人生的谷底學到了什麼？接著，就讓我們進入正題吧。

國中時代大出洋相的演說

你還記得人生中的第一場簡報嗎？那是一次愉快的經驗嗎？

我至今仍歷歷在目。那是國中二年級的秋天，當上學生會長後第一次在全校朝會上演說，我在講臺上大出洋相。此後，這段記憶如惡夢般揮之不去，糾纏了我十年以上。

我的故鄉是在靜岡的一處鄉下地方。國中就讀的學校，全校學生僅兩百人左右，每個年級只有一到兩班。當時，學校的學生會長是由老師推薦決定人選。我因為書念得還不錯，又是棒球社的社長，所以導師詢問我有沒有擔任學生會長的意願。

雖然遇到運動會和校慶活動時，確實會比較忙碌，但平時的基本工作，就只有在每星期一早晨的全校朝會上，發表一個簡短的演講而已。聽起來負擔不重，所以我沒多想就接下了這份工作。然而，這個演講卻成了我惡夢的開始。

時間來到當上學生會長的第一個星期一。

一旦在全校朝會站在兩百名學生面前時，我緊張得全身上下都繃緊了神經。這跟站在棒球打擊區的緊張感截然不同。學長姊、學弟妹，還有那些不認識的人，一齊將視線如槍口般對準著我。

「各位老師、同學，大家早。」

臺下沒有任何一聲回應。交情很好的朋友也只是默默地盯著我看，我緊張的情緒不禁大漲。我與坐在最前排的學姊四目交接的那瞬間，腦筋突然一片空白。

「呃……」

我一句話也說不出口，時間有如凍結一般。

五秒、十秒、十五秒……隨著時間愈拖愈長，原本在底下聊天的學生們也逐漸安靜下來，一臉忐忑不安地盯著我。一分鐘的靜默——那是我人生中感覺最漫長的一分鐘。這一幕後來反反覆覆出現在我夢中，成了我名符其實的惡夢。

從失敗中領悟練習的重要性

有生以來的首次演說，以慘遭滑鐵盧告終。那天我一回到家，就立刻衝回房間，壓低聲音啜泣。好想回到過去重來一次。那是我一生中最渴望擁有時光機的一次。

當然，時間不僅無法重來，還一溜煙地來到了星期天。第二次的全校朝會已迫在眉睫。

我也想過裝病請假，但那麼做的話，誰都看得出來我是因為上次出了洋相而選擇逃避。我不想被朋友們瞧不起，只好打消這個念頭。

「我能不能趕快得到流感？」、「能不能手肘受個傷還是哪裡骨折一下啊？」

我左思右想，都想不出什麼好辦法。時間一分一秒地過去，就這樣來到星期天的晚上。

與其妄想著不可能發生的事情，還不如橫下心來好好練習演講。

我這樣調整了心態後，便開始將星期一要說的內容先寫在筆記本上，並反覆練習朗誦出來。雖只是短短三分鐘的演講，卻讓我幾乎徹夜未眠，練習了一整晚。

第二天，我敘述了我在棒球練習賽中獲勝的事蹟，勉強撐過了這次的全校朝會。但下星期可沒辦法把相同的內容再拿出來重講。演講結束後，才剛鬆一口氣，又得立刻開始尋找下星期要講什麼內容。朝會演說宛如一場怎麼跑也跑不完的馬拉松。

出洋相和上臺次數正是通往進步之道

「練習時做不好，正式上場不可能做得好。能在正式上場時發揮力量的人，絕對是認真練習的人。」

這是國中棒球社教練給我們的訓誡，但我並非在社團，反而是為了每星期一的演說，體會到這句話的真義。

我開始全力以赴地練習。我沒有請過任何一次假，沒有躲掉任何一個星期一，一次又一次與我不擅長的演說抗戰到底。

每星期上臺演說的那年，我出盡了各種洋相。

有時是走上臺階時跌倒，有時是制服扣子扣錯。有過試圖說笑話臺下卻一陣鴉雀無聲，也有過好幾次破音的經驗。說到一半腦筋陷入一片空白，更是家常便飯。

每次出了洋相的那個星期一，我一整天都會感到懊悔不已，沮喪得再也不想上臺，但星期二又會打起精神，尋找演講主題。到了星期天晚上，就反覆練習，隔天一早，再以睡眠不足的狀態，挑戰朝會演講。

一星期又一星期地過去，我出洋相的次數一點一點地，真的是一點一點地慢慢在減少。

二十年後的今天，在眾人面前說話，已成了我日常的一部分。

至今，在超過兩百人的眾多聽眾面前說話，仍會令我緊張，但面對壓力我已駕輕就熟，出洋相也是習以為常。即使還是會在簡報途中腦筋空白，但我不會覺得自己見不得人到巴不得鑽進地洞了。

「上臺和練習次數，以及出洋相的經驗，決定一切。」

當我被問到「精進簡報的訣竅為何」時，我總是如此回答。

上臺時，出差錯的次數，永遠多過完美無缺的次數。無論再怎麼練習都不可能不緊張，而且要習慣這種高壓情境，除了練習，也需要累積相當的上臺次數。這之中恐怕也會遇上如惡夢般打擊人心的挫敗經驗吧。

即使如此，也要將自己所經歷過的失敗體驗，化作練習的動力，認真精進。上臺和練習的次數，再加上出洋相的經驗，正是奠定簡報能力的基石。

我透過國中演說的出糗經驗，學會該以什麼樣的心態面對簡報。

當然，不是經歷的次數多，簡報能力就一定會提升。但要維持基本能力就必須反覆練習；失誤的次數愈多，愈能帶來成長。能在經驗中得到這樣的體悟，就是我莫大的收穫。

我在學生時代學習到的就是——練習是磨練演說（簡報）能力的基本功，其重要性不容忽視。

至於如何讓聽眾對簡報共感，則是等我出了社會後，才透過慘痛的經驗領悟出箇中訣竅。

出社會後的第一場簡報，臺下半數聽到睡著

大學畢業後，我成為獨立行政法人國際協助機構（JICA）的職員，並被分派到大阪國際中心的市民參與協助部門。我負責的工作是擔任關西地區的國際協助窗口，為青年海外協助隊招募成員，以及舉辦活動向民眾宣傳國際協助。

在這裡，我首次單獨負責的工作，是前往大阪的某私立大學為學生們上課。以一節課的時間，向大學一、二年級生介紹國際協助。

上一任負責這項工作的職員，是一位具有駐海外經驗的資深員工，我跟他的資歷有著天壤之別。雖說如此，但為了寄予我厚望的大學機構，以及第一次接觸國際協助的大學生們，我還是希望能提供一個良好的學習機會。我抱著這樣的心情，開始了課程內容的準備。

我將最大心力投注在簡報投影片的製作上。我借用資深同事留下的投影片，自己再做了一番編修。

首先是追加補充說明，投影片放得下多少，我就放多少，這麼一來，萬一我沒說清楚，學生也只要看投影片就能理解。每張投影片平均有五十字以上，資訊當然是愈多愈好，不能讓學生們感到哪裡不足。

盡量讓文字的字型和顏色豐富而鮮豔。為了讓學生們有親近感，我使用了大量的手寫字體和漫畫風字體。

不僅如此，我還排入了許多動畫和轉場，讓學生們不無聊，目標是製作出一個充滿動感的簡報。

完成的投影片中，滿載著我的心血與巧思。

充足的資訊量，能滿足求知慾旺盛的學生；多采多姿的字體，能為不擅長讀書的學生，增添親切感；除此之外，還有令人驚喜連連的各種動畫……對於自己的成果，我感到十分滿意。

「一定能讓學生們感到滿載而歸！」

我帶著資訊滿滿的投影片，站上了講臺。

沒有發生國中那種腦筋一片空白的狀況，我既沒忘詞，也沒有因不熟悉的詞彙而吃螺絲，我簡直是進步卓越。

然而，結果卻是慘不忍睹。

課堂中近半數的學生都半途打起瞌睡，最後的Q＆A時間也沒有任何人舉手發問。教室裡瀰漫著一股意興闌珊的氛圍，我自言自語似地替課程做了收尾，悄悄地關上了我所準備的投影片。

「不能就這樣結束，我到底哪裡沒做好……」

煞費苦心做出的內容，卻讓近半數聽者聽到睡著，這種結果我不甘心。

我攔下一名看起來容易攀談的學生，詢問他的真實感受。

「老實說，投影片亂糟糟的，實在看不懂要表達什麼。」

我最有自信的投影片，竟是最大敗筆。

講者為主，投影片為輔

學生的一句話讓我懊悔不已。講課結束的那天晚上，我打電話給一個大學時代的朋友，拜託他馬上打開電腦，幫我看當天的投影片。我大致說明我在投影片上的用心，以及想達到的效果，並問他問題出在哪裡。

「全部都是問題啊。這不就跟我們大學時最討厭上的課一模一樣？」

我倒吸了一口氣。

文字又小又冗長，坐在教室後面的人完全看不到；文字的字型與顏色多到讓人眼花撩亂；動畫一直讓人分心，根本聽不進真正重要的內容……這根本就是我自己在大學上課時，看得一頭霧水的那種投影片啊。

決定重頭來過的我，買了人生第一本關於簡報的書來讀，並觀察美國著名的 TED Talks 上的精采演講，是用了什麼樣的投影片。

但我的研究才開始就結束了。因為我發現，我之前的做法從頭到尾都是錯的。

投影片的文字要精簡，文字的字型和顏色也不能多，根本不必使用動畫和轉場。讓我感動的 TED Talks 演說，使用的都是十分簡單的投影片，無一例外。

是我誤解了投影片的意義。

我拼命投注時間精力在投影片的製作上。但簡報的主角是講者，投影片只不過是補充口白內容的配角。

然而，我卻因為缺乏自信，將簡報的主要內容都放在投影片上，讓自己可以逃避把口白說好的責任。害怕自己無法說明清楚，而用文字量來壯膽；擔心聽眾聽膩，而用字型、動畫來遮掩。重新審視後發現，我的投影片簡直就是在昭告天下「我一點自信都沒有」。

投影片不是要滿載資訊，而是要簡約得令人意猶未盡，才能引起聽者的興趣。當資訊量不足時，才能吸引聽眾的注意力，同時讓他們自行發揮想像力。要讓聽眾「共感」，就必須留白。

明白這個道理後，我將投影片整個打掉重練。

資訊量大幅減少後，簡報所得到的反應立刻大大改善。隔年在同一所大學的課程中，沒有一個學生睡著，也有許多學生向我提問。

代表理事更替後，支持者紛紛離去

請容我在這裡介紹一下由我擔任代表理事的NPO法人e-Education。

e-Education是以「將最好的教育帶到世界各個角落」為宗旨，在孟加拉等開發中國家，透過影音授課的方式，幫助貧困的高中生加強學習，進而在大學入學考、高中畢業考上有所突破。

e-Education創立於二〇一〇年二月。一切都得從我大學四年級時，在孟加拉認識大學學弟稅所篤快那時說起。

當時我在孟加拉的「Motherhouse」實習，那是一家生產包包的公司。同一時期，稅所學弟則是在為貧窮者服務的金融機關「鄉村銀行」（Grameen

Bank）實習。來自同一所大學、同一個國家，又同樣身為實習生，我們有許多共通點。

因為我和他都曾在日本東進高校（Toshin High School）[2]補習，拜東進高校之賜才考上大學，這些共通經歷讓我倆立刻氣味相投。再加上，我對他醞釀多時的構思——用東進高校的模式消除孟加拉的城鄉教育差距——深感共鳴，於是e-Education就這樣誕生了。自孟加拉回到日本，進入JICA工作後，我也持續以副代表理事的身分，支援著e-Education的活動。

二〇一三年，情況出現了轉折。我想全心全力推廣e-Education在全球的活動，而辭去了JICA的工作。當時，稅所學弟正要前往海外研究所進修，

2 譯註：日本知名的大學入學考補習班，所有的課程都是採影音授課，讓學生們坐在K書中心式的包廂中，觀看老師們預錄的教學影片。

我便接替他成為代表理事。

然而，這卻是惡夢的開始。

「我理解你們在推廣的活動很良善，但我不會有想要協助你們的慾望。」無論我怎麼懇請大家支持 e-Education 的活動，大家卻感受不到我的心意，稅所學弟擔任代表理事時協助我們的人，一個接著一個離開。

能夠撼動人心的只有「自己的故事」

我接替代表理事一職後，原本協助我們的人都陸續離去，甚至還有人對我說：「換成你的話，我沒辦法支持。」這無異於迫使我承認自己的實力和魅力都比不上稅所學弟。這樣的事實太過殘酷。這種難熬、悲傷又鬱悶的日子，持續了好長一段時間。

稅所學弟在高中是偏差值二十八的「後段生」[3]，但上了東進高校的課程後，奇蹟似地考上了早稻田大學。一入大學，卻立刻遭逢失戀。他在失戀的打擊下，下定決心前往孟加拉，向諾貝爾和平獎得主穆罕默德・尤努斯（Muhammad Yunus）[4]拜師，立志「成為世界上最厲害的人」。光是他的這段經歷就夠引人入勝了。

我也是喜歡上他的人生態度，而和他一起奮鬥的，對於那些著迷於他的個人魅力，而想支持我們的人的心情，我自然是再清楚不過。

3 譯註：該偏差值相當於全國應考者中，排名落在倒數百分之二左右。
4 譯註：經濟學教授，發展實踐「小額貸款」和「小額金融」理論，創辦鄉村銀行，為無法獲得傳統銀行貸款的貧窮創業者，提供貸款服務。

只不過，我還想發揮自己的最大力量，幫助 e-Education 成長茁壯。我想把稅所學弟一路建立起來的成果，更加發揚光大。抱著這樣的想法，我完全複製了他的簡報內容，開始向人講述同樣的故事。

然而，支持者卻開始大量流失。束手無策的我，向一位我所尊敬的資深經營者討教，詢問他對我的簡報有何感想。

「這個簡報在講的是稅所的故事吧？你為什麼都沒有提到自己的故事？我想知道你是如何看待 e-Education 的。」

這番話令我醍醐灌頂。

之前每次簡報我都是透過稅所學弟的創業故事來介紹 e-Education 的活動內容。因為稅所學弟擔任代表理事時，這樣的做法大受歡迎。

不過，對於支援開發中國家的鄉下高中生，我也有自己的滿腔熱血。我是來自鄉下的孩子，拜東進高校之賜考上大學，因此孟加拉學生的際遇，讓我產生了強烈的共鳴。而且，我還因為太喜歡東進高校，整個大學四年都泡在那打工，並有幸在林修老師[5]身邊擔任助教。我確實也有我自己的故事。

只有身為講者的我自己的故事，才能夠打動聽眾的心。光是講述一個感人的故事，是無法撼動人心的。

站在聽者眼前的講者，必須講述專屬於自己的「我的故事」，必須分享能讓講者與聽者形成一體同心感的「我們的故事」，而不是分享別人的故事。這就是我過去的簡報所欠缺的決定性關鍵。

自從我不再是複製稅所學弟的故事，而是用自己的語言，述說自己的故

---

5 譯註：日本知名的補教界教師，教授日本現代語。東進高校廣告中，他的臺詞「就是現在吧！」在日本颳起旋風，使他進而跨足演藝圈，如今也是電視綜藝節目的主持人。

事後，聽者產生共鳴的頻率就增加了，捐款者和協助者也開始慢慢變多。

國中的出洋相經驗，讓我明白了練習的重要性；踏入社會第一年的悲慘授課經驗，讓我了解留白的投影片才能引發共鳴。在 e-Education 代表理事的交接經驗中，我則是學習到只有「我的故事」，以及與聽者形成一體同心感的「我們的故事」，才能撼動聽者的心。

只不過，有了這些，我的簡報仍然缺少一塊決定性的拼圖。

讓我得到這塊拼圖的是，一個任何公司都可能發生的狀況，對我來說卻是最痛苦的一次經驗——下屬們陸續離我而去。

「強大」和「正確性」無法讓人採取行動

「我這輩子再也不想看到你！」

在我當上代表理事數個月之後，團體中有將近一半的夥伴決定離去。e-Education活動觸及的海外國家原本多達十四國，而那段時間正是我決定將這些活動國家，減少至一半以下的時候。

減少活動國家的理由很單純，因為我們的資金不足以負擔十四國的活動，適逢代表理事更替，我覺得這正是重新檢視並修正過去做法的好時機，因此我實踐了經營上必須做出的「選擇與集中」。

然而，對於那些被排除在「選擇」之外的人而言，這無疑是一項最差勁的決策。

當時，在海外實地展開活動的是日本的大學生。他們休學半年到一年左右，掏出自己的積蓄，在各國接受挑戰。無法支持他們到最後，是我難以釋懷的缺憾。雖說如此，我們實在沒那麼多錢，可以繼續在十四國發展活動。雖然我也是百般不願，但既然做出這個決定，被人說「再也不想看到你」也是無可奈何。因此，我決心要當個正確而強大的領導者，不能因為別人的三言兩語，就顯露出動搖的神色。

職場的氣氛就在那之後開始變差。因為我拼命想做出成果，於是我對留下來的夥伴們，以愈來愈強硬的口氣提出命令。

「趕不上截止日？這怎麼可以？那些滿心期待看到成品的學生怎麼辦？你要辜負他們的期待嗎？」

「身體不舒服？你怎麼不早說？早一天說的話，我就能事先找人代班了……你要有風險管理的意識啊。」

只要能幫上開發中國家的高中生，我什麼都做，而且要做到徹底。為此，我必須成為一個強大而正確的領導者。當我愈是這樣告訴自己，夥伴們的心就離我愈遠，離我而去的夥伴也愈來愈多。

讓一切豁然開朗的是，後來的一場簡報。我報名參加了支援地方創業家的ＮＰＯ法人ETIC.所舉辦的創業課程「社會起業塾Initiative」，而那天是期末的最終簡報。一位ＮＰＯ經營者的前輩，聽完我的簡報後，回饋道：「在你提到減少活動國家的那部分，完全感受不到人情味。你沒有感到不甘心嗎？」

這句話對那時的我來說，還太過沉重，當我回過神時，發現自己已經在哽咽了。

「我當然不甘心！是我毀了夥伴們的夢想……我想跟他們說對不起……但他們都不在了，我想道歉也沒辦法道歉……我下定決心，至少做出超越大家期待的成果……結果卻是一個人在原地打轉。一起打拼的夥伴們都不在了……」

我泣不成聲地反駁，照理來說，周圍的人應該聽不清楚我在說些什麼。這可能是我人生第一次哭得這麼慘。當我掛著滿面淚水走向幕後時，實習的大學生們已經在舞臺側幕等著我了。他們也都哭成了一團。

一看到他們的表情，我就任代表理事以來繃緊的神經瞬間斷線。

我在他們面前哭到癱跪在地，不停地為自己的能力不足道歉。

「我們從來不覺得三輪先生能力不足。但我們覺得很難過，三輪先生都沒有對我們說過自己的不安和煩惱，這件事讓我們覺得好傷心、好遺憾。」

夥伴們一一離去，我被逼到了極限，而展現出脆弱的一面時，才是我第一次和夥伴們交心的時刻，他們的心也是在此時受到觸動。

能讓人為你行動的是「脆弱」和「虛心」

許多一起打拼過的夥伴，都從我身邊離去。如今我終於確切地明白，自己真正不足的是什麼。

首先是展現「脆弱」的勇氣。那時，夥伴們想看到的，恐怕不是我減少活動國家的強大意志，而是希望我真實展現出，不得不做出痛苦決斷時的徬徨、苦惱和脆弱。只有用真實的語言，如實地將脆弱的一面也展現出來，才能撼動夥伴們的心。然而我當時卻徹底誤解了。

承認失敗與錯誤的「虛心」，也能引發共鳴。比起辯倒對方，證明自己的想法沒有錯，虛心承認自己可能錯了，最終更能打動對方的心，推動事物的發展。

這些聽起來或許很理所當然，但展現脆弱、承認錯誤，是需要很大的勇氣的。我自己至今仍會帶著一層保護色。

不過，沒有跨越不了的高牆。

而且，我最近才明白了一個道理。

當我先展現出脆弱時，對方就會跟著卸下保護色，不戴有色眼鏡地聆聽我所說的話。這時，我的語言會更有穿透力，也更能加深彼此的共感。

「強大」和「正確性」對於一個經營者，對於一個人來說，都是十分重要的元素。

只不過，想要撼動人心時，「脆弱」和「虛心」反而更重要。這是我在做共感簡報時最大的訣竅。

用共感取代邏輯

導致離婚的夫妻爭吵、國中的演講出糗經驗、讓學生聽到睡著的無聊大學講課，以及因為沒自信而說別人故事的「看不到面孔的簡報」，硬是要對夥伴們展現堅強的無效溝通……

回顧過往，真是一連串的窩囊失敗經驗。然而，我所領悟出的「共感簡報」精華，都凝聚在這些失敗體驗中。

如果其中有任何一段故事，引起了你的共鳴，那就請你一面回想自己曾經歷過的懊悔和難受的經驗，一面讀下去。

無論我們再怎麼問「當時怎麼做比較好」，也無法改變過去。然而，這麼做卻能獲得啟示，讓未來變得更好。

腳本、投影片、口白，以及訓練。

該如何在簡報的這四個要素上，做出改變，進而獲得「共感」呢？接下來，請從你最在意的部分開始讀起。

讓我們用共感取代邏輯，來得到他人的行動支持。

你做好心理準備了嗎？

那麼，就讓我們開始學習「共感簡報」吧。

感動人心的簡報 e-Education

作者在有「簡報的天下第一武林大會」之稱的 ICC FUKUOKA 第一屆 CATAPULT GRAND PRIX 中贏得冠軍的影片。截至二〇二二年一月為止，已累計了一百萬以上的觀看次數。

以美國前總統歐巴馬的傳奇演說為目標

讓人感受到這是「我們的事」的「共感腳本」

雖然有點唐突，但請各位先比較一下以下兩篇文章。

腳本

A

「孟加拉是亞洲最貧窮的國家，其城鄉教育差距十分嚴重。尤其在大學入學考的結果上，更有顯著差異，都市的高中生居住在補習班林立的環境中，而農村的高中生卻是學習環境落後，因此農村高中生要進大學就讀，難如登天。我們e-Education在當地進行的活動，就是利用影音教材作為教育支援，以縮小城鄉教育差距。具體做法是參考東進高校的模式，將知名補習班老師的上課內容錄製成DVD，提供給農村裡想要考大學的貧窮高中生觀看。誠懇邀請各位支持我們推廣這項活動！」

腳本

B

「我的故鄉是靜岡縣的一處鄉下小鎮，那裡沒有補習班，我是靠著東進高校的影音授課，才有機會考上大學。這樣的經驗促成了今日 e-Education 的活動。孟加拉是亞洲最貧窮的國家，我在他們的農村裡，遇見與我有著相同生長環境的高中生。那些高中生覺得自己不如都市裡相同年齡的人，甚至十分自卑，但同時又不放棄夢想，努力讀書，希望能拚進大學。我們想支持他們完成夢想，而邀請著名的補習班老師協助，用東進高校的方式，將課程拍攝下來，提供給他們。大學入學考改變了我的人生。請問各位，你們人生的轉機是在何時？我們希望能幫助更多此時此刻也正在拼命苦讀的年輕人，請大家助我們一臂之力！」

哪一篇文章比較觸動你呢？

其實內容中傳達出的資訊，沒有太大的出入，只是將故事的切入視角稍稍做了改變而已。

然而，結果卻大不相同。

二〇一四年，我做的簡報就是類似腳本A，當時聽完之後捐錢給我們的人，幾乎是零。而當我開始用腳本B的方式做簡報後，對我們產生共鳴的聽眾遠多於之前，收到的捐款也不斷增加。

我並非是靠一己之力，將腳本從A修改到B的。

我有一個參考對象，就是美國前總統巴拉克・歐巴馬（Barack Obama）。

二〇〇四年，當他還是州議會參議員時，曾有過一場傳奇演說，他就是透過這場演說收買了美國全民的心。我在這場「把歐巴馬推上總統之位的演講」中，得到了重大的啟示。

這場演講是由「我」、「我們」、「此刻」三種故事交織而成，而這三種故事正是「共感簡報」不可或缺的要素。

本章就以撼動全美的歐巴馬為解說範本，說明如何製作出一個能讓漠不關心的聽眾產生興趣、受到感動，進而提供一己之力的「共感腳本」。

好的腳本從企劃書開始

簡報是由腳本、投影片、口白、訓練四個元素所構成。

當你要做一份簡報時，你會先從什麼著手？

我絕對會奉勸各位先從「製作腳本」開始，因為腳本是簡報的基礎。投影片再美，口白再流暢，只要沒有好腳本，聽眾的專注力就無法持久，自然無法產生共鳴。

正如電影或影集，即使找到完美的取景地點，又請來豪華的卡司陣容，只要劇情不引人入勝，就會讓觀眾失去耐性。我從來沒看過哪部受歡迎的作品是「故事情節無聊，卻堪稱經典之作」。但相反地，演員、取景地未能令觀眾留下深刻印象，卻很精采的作品，則是多不勝數。簡報也是相同的道理。

即使投影片很粗糙，口白也說得卡卡的，只要作為故事骨幹的腳本夠實在，那一場簡報就大有機會令聽眾留下記憶，產生共鳴。這就是為什麼應該先從製作腳本開始著手。

那麼，你平常是如何製作腳本的？

關於這個問題，許多人會提出各式各樣的腳本製作訣竅。但是，且慢。

如果拿電影的製作來比喻，這些應該都是在討論如何寫「劇本」吧？

在寫劇本之前，其實還有一件事必須先做，那就是提出「企劃書」。電影的營收目標是多少？目標觀眾是哪些人？要在這部電影裡傳遞什麼樣的想法？不先確定這些前提就開始撰寫劇本，是無法製作出一部好電影的。

同樣地，在製作簡報的腳本時，不先想好「目標」、「聽眾」，以及講者要透過這場簡報達成什麼「意志」，即使腳本製作出來了，也無法引發共鳴。

好的腳本來自好的企劃書。

這聽起來可能很理所當然，但非常多的人都會跳過這個步驟。因此，在進入製作腳本的說明前，先讓我在此介紹一下如何製作企劃書。

1 引起共感後的「目標」為何？

「日本人缺乏設定目標的能力。」

曾有一位在國際機構工作的海外友人這樣對我說。日本人一旦決定目標之後，達成目標的能力是全球頂尖的，但卻很不擅長自己從零開始設定目標——這句話應該戳中了滿多日本人的心。

在簡報上，也經常可以看到沒有先設定好目標的人。投影片再美，口條再流暢，充其量也只是手段而已。目標才能讓聽眾產生共鳴，進而付諸行動。少了目標，就會失去向人做簡報的意義。

「想讓聽眾了解商品有多好」、「想讓聽眾喜歡我們這個團體」這類抽象的目標，也是不及格的。你所設定的目標要盡量具體，例如「讓聽眾購買商品」、「讓聽眾捐出一千日元給我們」。

當簡報結束時，你會期待聽者做出什麼行動？若沒有具體的目標，就無法判斷簡報的好壞。

2 誰是你想要引發共鳴的「聽眾」

我經常說「Presentation = Present」，「簡報等於禮物」。請想像一下這個畫面：你將禮物交到你喜歡的異性或你愛的家人手中。這時，你應該會希望對方收到禮物後，很開心也很喜歡這個禮物吧？

簡報也是如此，做簡報就是要讓對方開心，讓對方喜歡自己給的東西。

那麼，想做出讓聽眾開心的簡報，需要注意什麼？我在思考腳本時，會一邊在腦中想像著我的聽眾的樣子。

製作腳本時，比起想著自己，更要想著對方。

自己喜歡的事物，別人不一定也喜歡。這個道理也許大家會覺得理所當然，但在實際做簡報時，很多人往往會強迫推銷自己喜歡的事物。

比方說，心儀的女性想要一個包包，於是你買了一個紅色的包包給她，但她喜歡的其實是藍色的，這類喜好上的誤解，極其容易發生。然而，到了做簡報時，我們卻常常忘記要站在對方的角度思考。

例如，對不在乎價格的人，拼命解釋自己的價格比其他公司便宜；又或是，對關注非洲的人，說明亞洲的課題……自己愈是說明得口沫橫飛，愈是讓彼此想法上的分歧逐漸擴大，結果心與心的距離也愈來愈遙遠，這類情況其實不在少數。

在確實擁有自己想要傳達的中心思想的同時，也一定要站在對方的角度思考。對方是學生還是社會人士？關注的是哪一類的事務？這些問題都要時時刻刻放在心上。

不是「誰都好」，而是要為了「那個人」——這個心態也很重要。

假設你獲得了一個對大學生做簡報演說的機會。你覺得臺下會是什麼樣的聽眾？即使同樣是大學生，只要學年不同，關心的事物也大不同。過去我曾在大學教授一門名為「國際協助論」的課，大一學生對這個主題似乎有些興趣，所以上起課來懵懵懂懂；大三、大四學生則是為了思考將來要如何工作、到哪裡工作而來上課的。而同樣是正在找工作的大三、大四學生，有些人是把國際協助當作工作的選項之一，有些人則是無論如何都想做國際協助的工作，這兩種人想聽的內容也會有所不同。

倘若時間充足，當然可以針對所有的需求加以解說，但這不代表把所有內容包山包海地全部網羅就是好的簡報。簡報不可能做到人人都愛。

「別追求讓所有的人都感興趣。與其做出一個對每個人來說都是六、七分左右的簡報，不如做出能深深打動某一個人的簡報。」

我抱著這樣的想法，每次都會在腦中描繪出「那一個你最重視的人」。

請提醒自己，簡報是為了「那個人」而做的，絕對不是「誰都好」。

3 抱著非讓對方明白不可的強大「意志」

「你們從頭到尾只會談錢，只會談經濟可以無止境成長的大空話！你們好大的膽子啊！」

二〇一九年，在美國紐約召開的聯合國氣候行動峰會上，瑞典的環境活動家格蕾塔・童貝里（Greta Thunberg）的發言，引發了廣大的討論。

當年十六歲的她，在一個全球著名領導者齊聚一堂的峰會上，之所以能成為眾所矚目的焦點，很可能就是因為她那股憤怒的能量，傳達出了堅定的意志，進而撼動了許多人。

雖然格蕾塔是透過憤怒的情緒，表現出強大的意志，但其他情緒也能達到相同的效果。我們可以用愉悅的心情，透過歡笑展現意志；也可以用悲傷的心情，透過淚水表明意志，方法不一而足。

然而，我們在做簡報時，總是傾向於壓抑情緒。我認為這樣的行為，是出自於兩個負面的因素──「自我吹噓」和「過度謙遜」。

在眾人面前說話時，任誰都會忍不住想吹噓自己，令自己聽起來更了不起。但那樣的話語聽起來總是流於表面，無法觸動聽眾。倘若是在說明自己或自己的事業，那就請用自己最熟悉的語言傳達。自吹自擂，只會讓你的語言缺乏情緒渲染力。

再者，過度謙遜也會成為簡報的絆腳石。「為了像我這樣的小人物……」、「雖然以我的立場，沒有資格說什麼大話……」、「我想誠惶誠恐地在這裡提出一件事……」這些謙遜的說詞，就算是真心的，也不適合在時間有限的簡報中說出來。既然得到簡報的機會，就該為了推薦自己上臺的人，以及臺下的聽眾，竭盡所能地表現。

過度謙遜，會令人無法感受到你的情緒，和情緒所要傳達的意志。

你要做的是，不過度膨脹，也不過度謙虛地，透過情緒傳達意志。

在這上面拿捏好分寸，在簡報注入自己百分之百的意志。

到此為止，我針對製作簡報前所需的企劃書，介紹了如何確立其中三大重點的「目標」、「聽眾」和「意志」。

- **引起共感後，想要促使聽者展開什麼樣的行動？**
- **什麼樣的人是你想要引發共鳴的對象？**
- **你是否擁有非讓對方共感不可的強大意志？**

少了這三項，就不會產生共感。

把自己什麼樣的情緒，傳達給什麼樣的人，希望他們做出什麼樣的實際行動？

釐清這些問題後，就要進入腳本的製作了。

阻礙共感的三道高牆

容我重複一次，簡報的四個要素（腳本、投影片、口白、訓練）中，腳本是引發共感最重要的元素。而且，腳本的製作比你想像的還要簡單。

說到製作簡報腳本，許多人腦中可能會浮現「起承轉合」。比較熟悉商業簡報的人，或許會想到「PREP法則」（一種簡報的文稿結構，按照結論↓理由↓事例↓結論之順序講述的方法）或「AREA法則」（一種簡報的文稿結構，按照主張↓理由↓事例↓主張之順序講述的方法）等的簡報結構。

我並非要否定這些方法，但其實我並沒有那麼重視這類簡報結構。我更重視的是，讓自己製作出的腳本掌握住可直接引發共鳴的重點。反過來說，就是要能跨越阻礙共感的「高牆」。

阻礙共感的高牆有三：一是不感興趣的「漠不關心高牆」，二是與我無關的「事不關己高牆」，三是不急於現在的「以後再說高牆」。

若不跨越這三道阻礙共感的高牆，不管以再怎麼流暢的起承轉合展開論述，聽眾都不會受到感動，也不會產生共鳴，自然就不會付諸行動。那麼，接著讓我向各位介紹讓腳本跨越這三道高牆的訣竅。

1 「漠不關心高牆」靠增加交集克服

在思考腳本時，首先該關心的重點是，與你的聽者的「交集」。

簡報臺下的聽眾，常常是初次見面的對象。很少遇到聽眾一開始就很期待講者演說的情況，大部分遇到的情況往往是，根本不知道聽眾和講者之間有什麼共通點。

彼此處在這樣的關係下，就算對聽者大聲疾呼：「這是社會問題！」「現在有一個這麼棒的解決方案！」恐怕也很難打動他們的心。

因此，我會盡量在簡報中，製造出聽者與我的交集。

製造交集時，請注意三段時間線——「過去」、「現在」、「未來」。

比方說，簡報的主題是工作術，就可以在過去尋找交集，例如：「各位是否有過這樣的經驗？把重要的工作放在一邊，先做不重要的事。」也可以向未來尋找交集，例如：「各位想不想更迅速地完成工作？」只要身邊有共通點，或有類似經驗，就能大大拉近你和聽眾的距離。

只不過，若是以開發中國家的教育支援為主題，在聽眾過去及未來的時間線上，恐怕很難找出交集。

此時我們可以善加運用的就是——現在的視角。比方說，我在介紹e-Education的事業時，會以投影片展示在開發中國家的農村拍攝的照片，然後詢問聽眾：

「你們看得出這張照片是在拍什麼嗎？」

照片上是一個高中生，在夜晚的街燈下讀書的模樣。他雖然夢想著考進大學，但因家中沒有電，只能在街燈下埋頭苦讀至深夜。

「看到這副景象，不會讓你感到於心不忍嗎？」

他奮發向上的模樣，能觸動人心，讓許多人為他感到於心不忍和惋惜。

這種設身處地的情緒可成為交集，讓從未到過開發中國家的人，也能開始關注「現在」我們的地球村正在面臨的課題。

製造出自己與初次見面的人的交集，縮短彼此的距離。這是決定聽眾能否對簡報產生共鳴的第一道關卡。

「漠不關心高牆」要靠刻意製造交集點克服。

2 「事不關己高牆」靠來回於主張與交集之間克服

跨過「漠不關心高牆」，聽眾開始產生興趣後，接下來要克服的就是「與我無關」的「事不關己高牆」了。

做法和跨越「漠不關心高牆」一樣，就只是持續不斷地製造交集而已。重點是要反覆製造多個交集。提高相交的頻率，不停拉近與聽眾的距離。

簡報的目的是明確傳達講者的主張。只不過有一種情況經常發生——當我們聊到自己的主張時，就忍不住說到渾然忘我，忽略了聽眾的存在。

因此，我們更需要不斷往返於闡述主張與製造交集之間。在主張與交集間往返愈多次，愈容易克服「事不關己高牆」。

這是機率的問題。以棒球為比喻，就是在說打數，而非打擊率，打數愈多愈有可能命中。往返的次數愈多，愈有可能跨越「事不關己高牆」。

因為每個聽眾產生交集的點各不相同，沒必要硬著頭皮想出一個能讓所有聽眾產生共鳴的故事，只要增加不同類型的交集即可。

重要的是，要一次又一次地站在聽眾的角度講述。不停穿插多個能讓聽者從各個角度發生移情作用的小故事，像是開心的故事、好玩的故事、生氣的故事、難過的故事等等。只要有一個故事觸動到對方，那個人就會覺得「這是為我所做的簡報」。

請花時間確認，你的簡報是否有不停往返於主張和交集之間。
如果感到有點少，就請增加次數。即使好幾個小故事都揮棒落空了，只要有一次安打，那你就能跨過「事不關己高牆」，離共感簡報更進一步。

3 「以後再說高牆」靠解放心靈煞車器克服

「真是一場精采的簡報！」
能聽到這樣的回饋，當然是一件開心的事，但如果你的目的是要讓聽者購買商品或捐款的話，就不能滿足於此。無論得到再多讚美，如果無法引導聽者做出你所設定的目標行為，那這場簡報就無法達到滿分。
這是阻擋過我無數次的高牆，也是我感到最困難的地方。老實說，到現在我依然覺得有難度。不過，最近做完以募款為目的的簡報後，捐款的人數確實增加了。

透過這個經驗，我領悟了一個真理：

人喜歡花錢，花錢讓人快樂。

當你買新文具，買自己青睞的品牌服飾，或買票觀賞自己支持的足球隊的比賽時，是否也感到興奮雀躍？不過，如果只顧滿足快樂的話，存款很快就會見底，所以大多數人會告訴自己「不能花錢」，為自己的慾望踩煞車。

我們的內心在購買的慾望和不買的理性之間來回擺盪，這種經驗多數人應該都有過。當我領悟這個真理時，我才發現我在簡報中，犯了一個嚴重的錯誤。

過去，我都把腳本的重點放在「請聽眾捐款」上，但其實真正該注重的應該是解放聽眾的心靈煞車器。

心靈煞車器分成三種：

「不一定要現在」、「不一定要是我」和「不一定要是你」。以下我會依序說明每一種心靈煞車器分別該如何解放。

第一種煞車器是「不一定要現在」，這是最常出現的一種。正因為如此，坊間充斥著各式各樣解放這種煞車器的話術，像是「只有現在」、「限量〇〇份，賣完為止」、「剩下〇天」……這些說法都是為了讓對方放掉「不一定要現在」的煞車器。電視購物節目的最後，一定會出現這類說法，各位不妨以學習的角度觀察看看，一定會大有所獲的。

第二種煞車器是「不一定要是我」。這是大部分募款的請求被拒絕的理由，聽者會想說：「我捐的一點小錢，能給的幫助有限。」「就算我不捐，也一定有別人捐。」這類回應我聽過無數次，因此也認真思考過，該怎麼說才能讓聽者放掉煞車器。

「金額的多寡不是重點，真正帶給我們力量的是，伸出援手的每個人背後的心意。」「你的支持是無可取代的。」使用這些說法，將聽眾化為公益行動的英雄和英雌（事實上，對非營利組織而言，每一位捐款人確實都是貨真價實的英雄和英雌）後，捐款給我們的人比過去更多了。

第三種煞車器是「不一定要是你」。這似乎是很多人容易忽略的部分。他們的想法是：「我捐款的對象不是你也沒關係吧，支持你的人這麼多，你一定不會有問題的。」

我曾在一場創業家的簡報比賽中擔任評審，那次獲得冠軍的，是一位人生第一次發表簡報的創業者。他的投影片上有錯字，講話時又因為緊張而卡住好幾次。但也因為如此，他所展現出的滿腔熱血，是老練的簡報中所沒有的，這使得他特別亮眼，評審們也感到「想替他加油打氣」。

這部分在第四章的「共感口白」中，還會再詳細說明。簡單來說，與其力求完美，不如以最真實的自己一決勝負，帶著一些小缺點也無妨。在製作腳本時，不妨也從這個視角切入。

「不一定要現在」、「不一定要是我」和「不一定要是你」……只要將這三種煞車器解放了，就能克服共感簡報的最後一道障礙「以後再說高牆」。

製作腳本的關鍵，就是跨過這三道障礙。重新整理歸納如下：

- **「漠不關心高牆」靠增加交集克服。**
- **「事不關己高牆」靠來回於主張與交集之間克服。**

・「以後再說高牆」靠解放心靈煞車器克服。

我已經將內容盡量簡化了，但讀完本書時，絕大部分的人恐怕也忘得差不多了。不過，各位不用擔心。

接下來要介紹的是，美國前總統歐巴馬的演講中所包含的三種故事：「我」、「我們」和「此刻」。只要了解這三種故事，自然能克服三道高牆。

歐巴馬使用的三種故事

二〇〇四年，歐巴馬還在擔任州議會參議員時，有過一場傳奇演說，評論者認為他就是在此時，成功收買了選民的心。這場演說包含「我」、「我們」和「此刻」三種故事。除了前面介紹過的克服三道高牆的訣竅之外，我們在製作簡報腳本時，十分值得借鏡的規則，都在這場演講中展露無遺。

歐巴馬的父親是哈佛大學的畢業生，他自己也是畢業於哈佛大學法學院，後來成為律師，在律師事務所邂逅了蜜雪兒，兩人結為連理。他的五官端正，身高一百八十五公分，怎麼看都是一名英俊瀟灑的超級菁英人士。

相信一般民眾之中，認為「他是活在另一個世界」的人，應該遠遠多過覺得「他和自己很類似」的人吧。若問我會不會想把票投給歐巴馬，純粹就背景經歷來看，我想我不會。說不定我還可能因為某種類似嫉妒的情緒，而將票投給其他更讓我感到親切的候選人。

傲人的出生背景和經歷，反而有可能造成選民的反感。然而，歐巴馬用一場演說，就翻轉了這樣的頹勢。

一場關於「我」、「我們」和「此刻」故事的演說。

這場演說讓他跨越了簡報的三道高牆，改變了美國的未來。

讓我來解釋一下，什麼是「我」、「我們」和「此刻」的故事。

「我」的故事……暴露自己羞恥的過往或弱點，製造與聽眾之間的交集，藉此跨越聽者一開始不感興趣的「漠不關心高牆」。

「我們」的故事……準備多個能讓聽眾產生共鳴的小插曲，來回往返於自己的主張和小插曲之間，藉此跨越聽者認為與我無關的「事不關己高牆」。

「此刻」的故事……演說光是打動人心還不夠，更要提出聽者此時此刻能做出什麼行動，幫助他們解放心靈的煞車器，藉此跨越不一定要現在行動的「以後再說高牆」。

歐巴馬從「我」的故事出發，提及父親出生於肯亞，克服了身為少數族群的種種磨難，再談到「我們」所居住的美國，現狀如何，正在面臨什麼樣

向歐巴馬學習如何跨越三道高牆

要跨越阻礙共感的三道高牆（漠不關心高牆、事不關己高牆、以後再說高牆），就要善加利用歐巴馬演說所使用的「我」、「我們」和「此刻」三種故事。

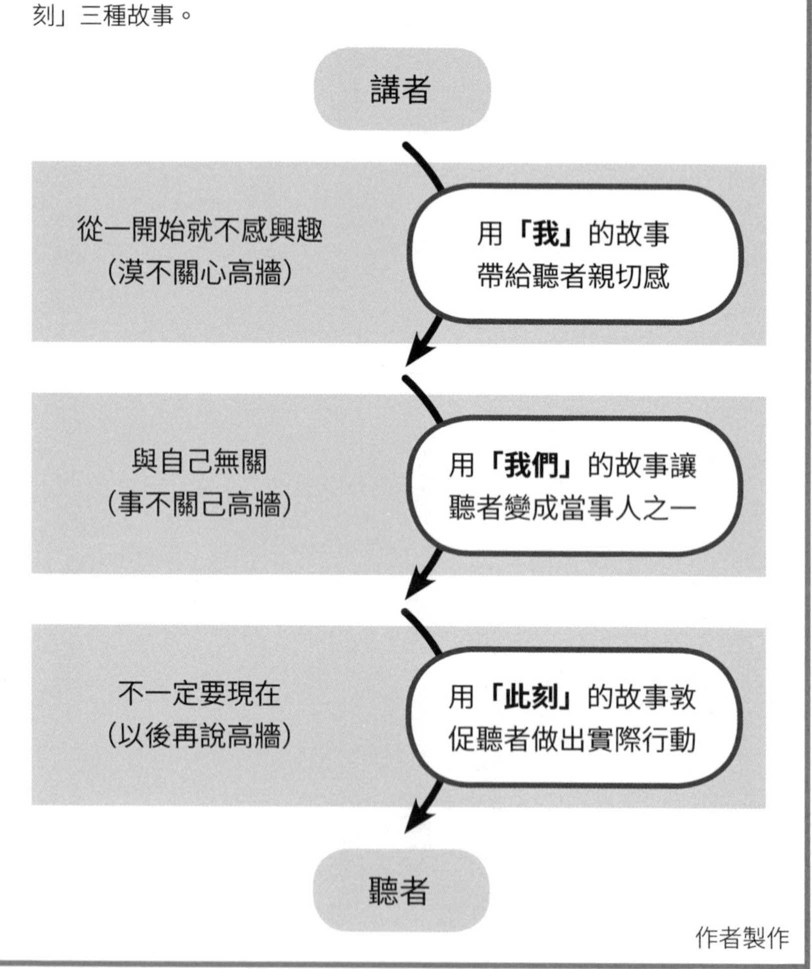

作者製作

的課題，並主張這就是「此刻」此地（召開民主黨全國代表大會的伊利諾州（Illinois））正在發生的問題，更慷慨激昂地論述此時正是必須做出改變的時刻，進而收服美國國民的心，也為邁向第四十四屆美國總統之路，跨出了第一步。

馬歇爾・甘茲（Marshall Ganz）博士曾在二〇〇八年的總統大選中，擔任歐巴馬的選舉參謀，如今他是哈佛大學甘迺迪政府學院（John F. Kennedy School of Government）公共政策學的資深講師。關於歐巴馬有效利用「故事」的演說手法，他將其命名為「公共敘事」（Public Narrative），並向學生，乃至全球的頂尖領袖們傳授這套方法。

學習「公共敘事」

「敘事」是指故事，「公共敘事」直譯的話，就是「在公共場合說的故事」。這是透過故事來告訴群眾，為何我們需要做出行動，藉此擴大共感圈，使人們的行動逐漸發生變化。甘茲博士指出，這種利用人的發聲（簡報），促使社會風潮產生改變的機制，是由以下三項要素建構而成。

- Story of SELF（我的故事）
- Story of US（我們的故事）
- Story of NOW（此刻的故事）

這三種故事是「公共敘事」的構成要素，而前面提到的歐巴馬的傳奇演說中，也滿載著這三種故事。

光是聽說明，大家可能會覺得難度很高。因此，接下來我將以歐巴馬的演說為範本，向大家說明如何將「我」、「我們」、「此刻」這三項要素，放進平日的簡報中。

1 「我」的故事要讓聽者產生親切感

首先來談「我」的故事。

你的過往如何造就了你現在的行動？關於這一點，要讓對方能在腦海中描繪出一個具體的意象，因此這裡有必要好好琢磨自己的語句。歐巴馬的演講是這樣導入的：

今晚站在臺上的這個體驗，對我而言格外榮耀，因為我能站上這裡，這件事本身就是超乎想像的。我的父親是一名來自肯亞的留學生，他自幼生長在肯亞的一個小村莊裡。年少時，他曾放過羊，他的學校是一間鐵皮屋頂的小屋，而他的父親，我的祖父，則是一名廚師，一名家傭。

但我的祖父對我父親，寄予了更遠大的夢想。父親憑藉著吃苦耐勞獲得獎學金，得到前來神奇大地學習的機會——他來美國留學。對於過去踏上這片土地的許許多多人而言，美國象徵著自由和機會。父親在留學期間與母親相識。我的母親出生在地球的另一端，一個堪薩斯州(Kansas)的小鎮。經濟大蕭條時期的大半時間，她的父親都在鑽油井和農場工作。日軍偷襲珍珠港後的第二天，他就應徵入伍，跟隨巴頓將軍（General George Patton），進軍歐洲。那段時間，我的外祖母一邊撫養子女，一邊在轟炸機裝配線上工作。戰爭結束後，我的外祖父母在《美國軍人權利法案》（G. I. Bill）的照顧下，進入大學就讀，並透過聯邦住宅管理局（Federal Housing Administration）買了房子，而後一路往西搬到夏威夷，謀求更多的機會。

他們對自己的女兒，也寄予了遠大的夢想。兩個來自不同大陸的家庭，有著共同的夢想。（引用自《巴拉克・歐巴馬：用他自己的語言》〔暫譯，原書名：*Barack Obama: In His Own Words*〕）

各位讀完覺得如何？關於在肯亞土生土長的父親，以及在美國鄉下小鎮出生的母親的故事，遠比哈佛大學畢業律師的頭銜，更能引發共鳴。當初聽了這段演說的人，一定也對他產生了有別於以往的親切感吧。

我們在對不認識自己的人自我介紹時，往往會想要自我吹噓一番，讓自己看起來更了不起。但在簡報中，這卻是反效果。當個普通人，或讓聽者感到身分相近，反而才是你該做的。

在敘述過往時，不妨加入具體的顏色、氣味，以及有畫面感的場景。就像歐巴馬在介紹父親時，也描述道「他曾放過羊，他的學校是一間鐵皮屋頂的小屋」，當聽者能將講者的故事，在腦中勾勒成一幅畫（或一段影像）時，你的故事就已經進入聽者心坎裡了。

請在腳本中放入能讓聽者產生親切感，並勾勒出情境的「我」的故事。

到此為止要做的事，應該還沒有太大的難度。

2 用「我們」的故事讓聽者變成當事人

接下來，難度就要開始提升了。懂得如何在簡報中講個人故事引發共鳴的人，比比皆是，但很少人懂得將屬於個人的「我」的故事，與聽者連結，變成具有一體同心感的「我們」的故事。

歐巴馬在談及父母替他取了「巴拉克」這個名字的原因時，將內容緊扣著「美國」這個主軸，藉此營造出一體同心感。以下就來看看這段內容吧。

> 我的父母不僅不可思議地深愛著彼此，還對這個國家的潛力有著不可動搖的信心。他們為我取了一個非洲名字，巴拉克，意為

「受祝福的人」，因為他們相信，身在美國這個充滿包容的國度裡，即使是這樣的名字，也不會成為成功的阻礙。雖然父母當時的生活並不寬裕，但是他們仍想讓我進入美國最好的學校，因為身在美國這個慷慨的國度裡，即使是不富裕的人，也能充分發揮出自己的潛力。我的父母如今都已不在人世，但我知道，此刻他們正在注視著我，為我感到無比驕傲。

今天站在這裡，我對於自己繼承了多元文化的血統滿懷感激，也知道我親愛的女兒們，將會繼續繼承我父母的夢想。站在這裡，我深知我的故事是更大的美國故事的一部分，也明白若沒有無數先人的努力，就沒有今日的我，若沒有地球上的其他國家，也就不可能實現一個像我這樣的人生故事。（出處同上）

透過緊扣「美國」這個主軸，讓所有聽眾都把歐巴馬的故事，當成「我們」的故事聆聽，進而使演說現場沉浸在巨大的一體同心感中。不僅如此，他接下來又提到了他在演說所在地伊利諾州親眼所見的故事。

無論你是民主黨、共和黨，還是無黨無派人士，今晚我想呼籲所有的美國國民：還有很多事正在等著我們去做。我在伊利諾州蓋爾斯堡（Galesburg）遇見了一群人，他們因家電公司美泰克（Maytag）的工廠南遷至墨西哥，而失去了有工會保障的工作，現在他們唯一的選擇，就是和自己的子女一起競爭每小時七美元的工作。我遇見一位父親強忍著淚水對我說，他即將因失業而丟掉保險，屆時不知道怎樣負擔兒子每個月四千五百美元的醫療費。我在東聖路易斯

(East St. Louis) 遇到一位年輕的女士，成績出色，又有心向學，卻沒有足夠的錢上大學，還有成千上萬的人像她一樣。為了幫助像他們這樣的人，還有很多事正等著我們去做。（出處同上）

他說出了在伊利諾州遇到的民眾的故事，讓聽眾沉浸在一個不斷擴大的共感圈中，進而更加理解每一項政策其實都和自己的生活直接有關。

這正是透過增加「往返」來跨越聽者認為與我無關的「事不關己高牆」。

多介紹幾種能讓聽者產生共鳴的小插曲，就能讓更多人覺得「講者把我的心聲說出來了」，進而增加一體同心感。

製造出講者與聽者之間的一體同心感，讓聽者感覺到平時距離自己很遙遠的社會課題，其實是發生在自己身邊的問題。雖然做起來十分耗費腦力，但在簡報腳本中也要像這樣，盡量創造出能讓講者與聽者產生連結的故事。

3 用「此刻」的故事敦促聽者做出實際行動

「為何非要現在不可？」「現在立刻就能採取的具體行動是什麼？」

簡報的腳本完成後，絕對不能忘記做的一項確認，就是關於「此刻」。

正如歐巴馬的演說，他先提到失業的父親、沒錢上大學的年輕女性的「此刻」，之後才拜託各位做出具體行動的第一步——「去投票，並投給我」。

若是介紹商品的簡報，難度就更進一階。因為要求投票，聽者不用花錢，但要求購買商品，聽者要花錢。像我這種邀請聽者捐款的，難度又更高。

請對方捐款幫助遙遠國度沒見過面的高中生時，我能用「我」和「我們」

的故事，述說那些高中生身處在多麼悲慘的情境中，但要從這裡跳到「此刻」請捐款給我們，就必須跨過一道相當高難度的門檻。

我在邀請捐款時，會特別注意的一點是，必須準備多個對方「此刻」能做出的行動。最理想的行動當然是現場捐款，但對於沒辦法這麼做的人，我還準備了其他能在此刻輕鬆實踐的行動，像是追蹤社群網站上的e-Education、訂閱電子報等等，讓聽眾能向前邁進一步。

不要讓你的訊息只停留在「請支持我們」、「請幫助我們」，當你能愈明確地說出，對方要以什麼具體方式支持或協助，以及為何必須在此刻協助時，就愈能深刻觸動對方的心，他們也愈容易朝著你的簡報所設定的目標前進。

在簡報腳本不可或缺的「我」、「我們」、「此刻」這三項「公共敘事」的要素中，「我們」和「此刻」是特別容易被忽略的。

聽者若感到「與我無關」、「不一定要現在」，就不可能有強烈共鳴。我看過太多這種簡報了，雖然能被稱讚「內容很棒」，但卻無法達成目的。

製作腳本時，請特別留意有沒有加入「我們」和「此刻」的要素，你要說的是一個能讓聽者產生高度共鳴，進而在行動上做出改變的故事。

剪去枝葉，確認主根

只要有了「我」、「我們」和「此刻」這三種故事，基本上簡報的腳本就算完成了。只不過，剛完成的時候，還不能就此鬆懈。

沒有回頭重看一遍的腳本，就像是菜餚要起鍋前，沒有先試試鹹淡。萬一調味料的量弄錯，味道可是會大大走樣。腳本也是如此，只要有幾個小故事稍稍偏離正軌，也會讓聽者的共感瞬間消失。

此時，有三個重點必須確認。

1 以共感為目標，緊扣主軸，保持直線前進

腳本完成後，請用縱觀全局的角度俯瞰內容一遍，確認腳本的敘事是否保持直線前進。

途中是否岔題了？話題是否跳躍不連貫？

尤其要特別注意的是時間先後。雖說有時關於自己從事何種事業，打亂時間先後說明，對聽者而言會比較好理解，但太頻繁地不按時間先後的話，就會造成聽者混亂。

此外，事業的發展過程，請確實按照時間順序說明。比方說，如果我告訴聽眾，我們 e-Education 的成果包括「貧窮高中生考上排名第一的大學」、「考上頂尖大學的累計人數突破一百人」、「獲得教育部長表揚」，而聽眾搞不清楚發生的時序的話，聽眾就無法勾勒出具體的意象。

因此，請務必確認自己的腳本是否有保持直線前進。

2 刪去多餘的資訊與雜音

即使腳本保持直線前進，但若摻雜過多多餘資訊，就會讓你想傳遞的訊息變得模糊失焦。

此時，有幾個需要注意的地方，尤其是當你談到自己本來就想說或自己熱愛的主題時。我們經常可以看到的狀況是，講者只在講自己不吐不快的內容，但聽者無法從中接收什麼重要資訊。

以「順帶一提」的方式補充的地方，也要特別留意。請確認這個補充是否為你的故事提供了確實需要的資訊，若是不必要的，請毫不猶豫刪除。

有時，詳實的資訊反而會讓聽者產生混亂。比方說，e-Education 是我的重要搭檔稅所篤快學弟所成立的團體，我是第二任的代表理事。我若要把這個部分交代清楚，就無法在短時間內說到重點。如果沒有他，就不會有e-Education，如果不是他，這個團體也無法有今日的成就，這些都是不爭的事實，但對聽者而言，這些資訊往往會造成理解上的混亂。

罕見用語和出場人物盡量不要太多，畢竟我們的目標是要拉進聽者與講者間的距離。光是能注意到這一點，就能讓你的簡報品質大大提升。

3 回到主根確認初衷

有了直線進行的主幹，又刪去了多餘枝葉後，最後就要再次確認主根。

主根是指「目標」、「聽眾」和「意志」。非常多人會跳過這個步驟。

一開始明明已經確立這三項要素，但腳本寫著寫著，就不自覺地拋開了它們，這是我們經常發生的事。

你是否太專注於建構你要說的故事，而忘了原初的目標？

你是否有詳細調查聽眾屬於什麼樣的族群？

你是否在故事中，展現了非讓對方明白你的想法不可的強大意志？

腳本完成後，請再次確認你的「目標」、「聽眾」和「意志」是否還在。

「共感腳本」重點整理

- 好的腳本從好的企劃書開始。要明確訂出「目標」、「聽眾」和「意志」。

- 製作腳本時，要說三種故事：
用「我」的故事克服「漠不關心高牆」，
用「我們」的故事克服「事不關己高牆」，
用「此刻」的故事克服「以後再說高牆」。

- 製作腳本，要確實建立主幹，
剪去多餘枝葉，
最後再次確認主根。

以賈伯斯的簡報為範本

保留殘缺，刺激想像的「共感投影片」

請比較看看以下兩種投影片。

日本從事國際協助的三個理由
1. 人道主義 如果眼前出現一個快要被禿鷹吃掉的小女孩，你會怎麼做？ 見他人有難，伸出援手，是我們人類的天性。
2. 相互依存 唯有開發中國家保持穩定與發展，世界才能享有和平與繁榮。 舉例來說，日本人常吃的「天婦羅烏龍麵」所使用的蝦子，有百分之九十五是自海外進口，其中多數是來自開發中國家。
3. 經濟復興經驗 東海道新幹線和東名高速公路，是日本在世界銀行的融資與援助下，建造出的交通設施。一九九〇年後，日本才償清這項債務，從開發中國家「畢業」（這正是開發中國家的經濟成長典範）。
正因為日本與開發中國家有著各式各樣的連結，所以JICA也持續不斷為國際協助的活動而努力。

作者製作

①⑤作者製作，②來源：©Kevin Gerter/Getty Images，③④來源：shutterstock。

A與B，哪個會讓你覺得「想聽更多內容」？

兩邊的投影片都是在介紹「日本從事國際協助的三個理由」，講解的內容與時間長度幾乎一模一樣。但我在大學課堂裡，使用A投影片的時候，有半數的學生聽著聽著就夢周公去了。

這也難怪，投影片上文字又小又冗長，坐在教室後面的人完全看不到，文字的字型與顏色又多到讓人眼花撩亂。這完全就是我自己在大學上課時，看得一頭霧水的那種投影片。

正如第一章所言，我在初出社會那一年，第一次以正式的簡報方式為大學生上課，但超過半數的學生都聽到睡著，讓我沮喪不已。

經過這次打擊，我在書店買下二〇一〇年的暢銷書《presentationzen 簡報禪：圖解簡報的直覺溝通創意》（Garr Reynolds 著）。

書中所教的是一種發揮「禪意」的投影片製作方式，連蘋果公司創始人史帝夫・賈伯斯（Steve Jobs）都在效法。我看完後大受震撼，因為我所製作的生硬難懂的投影片，恰恰與書中教的完全相反。

投影片的文字要簡短，文字的字型和顏色種類要少，不需要使用動畫和轉場。我轉換觀念，改以這種方式製作投影片，成品就是B投影片。

「日本從事國際協助的三個理由　①人道主義　②相互依存　③經濟復興經驗」

我不再只用一張投影片來說明這三個理由，而是分成五張來說明。關於這五張投影片的解說如下。

第一張投影片只寫了「日本從事國際協助的三個理由」這段文字。我刻意不讓聽眾立刻看到答案，這樣才能留給他們思考時間。

第二張投影片只放那張著名的照片「禿鷹與小女孩」。照片拍出的是，位於蘇丹的食品發放中心附近，一隻禿鷹正準備攻擊一名蹲伏在地上的小女孩。這是一張象徵非洲慘況的照片，令觀者不得不為其感到心痛。這種心痛會讓人產生「想幫忙」的心情，一張照片就能傳達出國際協助的必要性，而且恐怕比任何語言都更能深深觸動聽者的心。

第三張投影片是一碗炸蝦天婦羅烏龍麵的照片。這是一道日本人愛吃的料理，但其實我們平日吃到的蝦子，有百分之九十五從海外進口，而且多數來自開發中國家。製作烏龍麵的原料小麥，也有超過百分之八十五是進口。日本對於包括開發中國家的海外各國，依賴之深，不言可喻。

第四張投影片是新幹線的照片。事實上，東海道新幹線、東名高速公路是在世界銀行的融資與援助下建設而成。日本是在一九九〇年償清債務，從開發中國家「畢業」，但這項事實卻鮮為人知。日本在天然資源不豐富的情況下，達成了經濟的急速向上發展，可說是全球開發中國家的典範。

最後一張投影片上，只寫著「連結」二字。「①人道主義、②相互依存、③經濟復興經驗」，也可以說成是「①心與心的連結、②食品原料等環境上的連結、③經濟發展史上的連結」，在課堂上我的總結是「只要記住我們之間有連結就可以了」。

投影片大幅修正後，簡報時的反應和之前判若天淵。第二年的同一門課上，沒有一個學生睡著，最後Q＆A的提問也很踴躍。

十年過去了，我成了簡報老師，但製作重點不變，就是刪減和簡化。

一張投影片的訊息不能超過一個。讓人看到什麼不重要，「不讓人看到什麼」才重要。

當一個事物不完整時，我們才會去注意並發揮想像，這就是共感的發端。**刪減及簡化投影片後所呈現出的「留白」，能引起共感，因為「留白」會激發聽者的想像力，進而打動聽者的心。**

賈伯斯被譽為簡報高手，第三章我將以他為範本，向各位介紹我在這十年間，經過數百次的嘗試錯誤後，領悟出的「共感投影片」的製作方法。

大家容易陷入的投影片迷思

簡報是由腳本、投影片、口白、訓練四項元素構成，最重要的是腳本。優先順序最低的其實是投影片。我甚至認為，投影片有沒有都無所謂。

請試著回憶賈伯斯的簡報，他在 iPhone 等的商品發表會上，放出了許多精采的投影片，其簡潔的投影片，確實有許多值得我們學習的地方。然而，賈伯斯的 iPhone 商品發表，名氣遠遠不及他在史丹佛大學畢業典禮上，留下名句「Stay Hungry, Stay Foolish」（追夢若飢，執著若愚）的演講。

正如第二章中「把歐巴馬推上總統之位的演講」，能打動人心、讓人採取實際行動的「共感簡報」，也不一定需要投影片。

可惜的是，愈是對簡報沒有自信的人，愈容易把時間耗費在投影片的製作上，剩餘的時間才用在腳本、口白，以及訓練上，結果造成徒有華麗的投影片，講者所說的內容卻讓人聽過就忘。

這樣是無法引發聽者共鳴的。

首先，我就要來幫大家化解「投影片是簡報重心」的誤會，說明許多人在製作投影片時容易陷入的五個迷思。

1 簡報不能沒有投影片的迷思

在ＪＩＣＡ工作時，曾有外籍同事來拜託我幫忙他製作「Visual Aid」。「Visual Aid」直譯成中文是「視覺輔助」，而他要我幫忙製作的正是投影片。也就是說，投影片是一種幫助聽者理解的輔助工具。那時我才再次體認到，簡報是以腳本、口白為「主」，投影片為「輔」。

或許有人會說：「在國際間獲得高評價的簡報，不都有精美投影片嗎？」確實，像是 TED Talks 的許多講者都有精緻的投影片，且運用得十分出色。但根據我的調查，觀看次數前五名的 TED Talks 中，有兩場根本沒有使用投影片。其中居冠的是肯尼・羅賓森爵士 (Sir Kenneth Robinson) 的 TED

Talks，他也沒有使用投影片。

換言之，打動人心的共感簡報不一定要用到投影片。請容我再說一次，簡報的主角是講者，投影片不過是幫助聽者理解的輔助工具而已。

投影片太過醒目，反而可能喧賓奪主，分散了聽眾的注意力。因此，如果你的訊息在沒有投影片的情況下也能傳達的話，建議你乾脆別做投影片，直接把時間花在腳本、口白，以及強化這些要素的訓練上。

2 投影片的製作必須親自操刀的迷思

我並非是要徹底否定投影片的意義，正如同第三章開頭所介紹的「禿鷹與小女孩」，有時只要一張照片就能撼動聽者，有效地傳達出你的訊息。

舉例來說，在我們生活中，企業廣告的海報就是個好例子，因為這類海報絕不可能出自業餘之手。

想想看，企業為了一張海報，要投入多少人力與預算？要聘請專業模特兒，還要有攝影師、助理、設計師、文案寫手，以及進行統籌的海報監製。

這樣的分工也能套用在簡報上。最出色的簡報家，如賈伯斯、軟銀集團(SoftBank Group)創始人孫正義，也不可能是自己從零開始，獨力製作出投影片。他們的投影片都是由設計師、文案寫手，以及企業的經營幹部，一起絞盡腦汁，透過團隊合作製作出來的。

相同的道理，若這場簡報將會決定企業未來的命運，那就該大方出手，聘請專業的簡報設計師來製作投影片。

當然，我想絕大多數的人應該沒有足夠的預算外包。自己動手做還有一項好處是，就算到最後一刻，依然能對內容進行微調。

但即使如此，投影片仍只是輔助。我的看法是，應該把更多時間用在其他要素上，因此沒有必要親自操刀。

3 製作投影片的第一步是打開簡報軟體的迷思

「我還是想使用投影片，而且我要自己做。」

我想，本書的多數讀者應該都會這麼想，而且一旦進入投影片製作的階段，第一件事就是默默啟動電腦，打開簡報軟體吧？

但請等一等，製作投影片千萬不要這樣啊。

問個最基本的問題：製作投影片真的需要使用電腦嗎？

有個逸事應該很多人都聽說過。據說，被譽為簡報高手的孫正義，製作投影片時，是先在白板上畫出草稿的。孫正義在大學時代，甚至選修過程式設計的課程，這表示操作電腦根本難不倒他。

然而，他仍選擇先畫在白板上。這是因為，他覺得白板比電腦畫面更適合用來理清思路，輸出思考結果。

白板和實體筆記本是用來輸出思考的道具，電腦則是用來製作投影片的工具。因此，從工作效率的角度來看，還是先用白板或筆記本構思投影片的藍圖，整理出整體架構比較好。

理清思路，並具體構思出要製作什麼樣的投影片後，接著才是打開簡報軟體。

我自己在製作投影片時，也不會一開始就啟動電腦。我會先使用白板或

A3大小的筆記本。我不會一開始就把細節通通想好，而是先以宏觀視角，縱看整場簡報的流程，思考腳本需要什麼樣的輔助，同時發揮創意，將其落實在投影片上。如果你每次製作投影片，都是一開始就用電腦的話，那我建議你一定要嘗試看看從真正的「動筆」構思開始著手。

4 簡報就是要使用 PowerPoint 的條列式標準格式的迷思

目前，全球最普及的簡報軟體，絕對是微軟公司的 PowerPoint。做投影片之所以變成令人頭疼的工作，我認為 PowerPoint 的格式正是元凶之一。

一般我們在 PowerPoint 建立新投影片後，畫面就會出現標題和內容的框框，而且內容還是採條列式的。條列式的優點是，能十分有條理地說明階層式的結構；但缺點是，這種格式跟共感簡直八竿子打不著。如果想做出打動人心的簡報，就千萬不要使用條列式。

有一位重量級經營者，不知是不是因為察覺到這項事實，從某天起，他就不再使用條列式的投影片了。這個人就是微軟的創始人比爾・蓋茲（Bill Gates）。這十年來，他在 TED Talks 上演講過數次，但一次也沒有使用 PowerPoint 的標準格式。

因為我是蘋果電腦的愛用者，所以使用的簡報軟體是「Keynote」，據說這是賈伯斯為自己製作的簡報軟體。但老實說，PowerPoint 和 Keynote 沒有太大的差別，用 PowerPoint 也能製作出像他那樣的投影片。

重點是不要不經思考就套用標準格式。我所景仰的簡報家中，沒有一個人會把標準格式直接拿來使用。

想要引發共鳴，就要從遠離標準格式開始做起。

5 費時製作投影片的迷思

我必須再說一次，構成簡報的四個要素（腳本、投影片、口白、訓練）中，優先順序最低的就是投影片。因此，我們必須懂得，不要把精力與時間過度消耗在投影片的製作上。

然而，愈害怕做簡報的人，愈容易把時間花在製作投影片上。此外，稍微學過設計而喜歡製作投影片的人，也往往會在這上面花費太多時間。如果有無限的時間可用，那當然沒有問題，但在有限的時間下，若想提高簡報的品質，還是將時間花在腳本、口白和訓練上，效果較佳。

提供各位一個參考標準，如果用來製作投影片的時間，超過準備簡報的整體時間的三分之一，那就需要留意了。**想透過簡報引發共鳴的話，就要懂得減少製作投影片的時間。**

要簡單，要不完整

「簡約，是精緻的終極表現。」

達文西（Leonardo da Vinci）的這句名言，放在投影片製作上也可成立。

請試著想像這樣的投影片：文字密密麻麻，不瞇著眼睛根本無法閱讀，又或是箭頭符號錯綜複雜，讓人看得眼花撩亂……這樣的投影片，我在大學課堂上見過好多次，每當老師放出這樣的投影片時，我都會暗自心想：「為什麼不把這些資料印成講義發下來就好？」

實際在做簡報時，真的有很多人也是照著投影片上的文字念過一遍而已。即使沒這麼誇張，也會因為投影片上的資訊過多，而使聽眾分心。

容我重複一次，簡報的主角不是投影片，講者才是主角，投影片只是烘托講話內容的配角。當投影片太過搶眼，或出現和主角不同的動向（例如，講者說的內容和投影片上寫的不一樣）時，就會讓聽者的共感度愈來愈低。

要讓投影片成為稱職的配角，烘托講者，最重要的就是刪除多餘資訊，以及簡化內容。

那麼，我們該如何製作簡約又留白的投影片呢？

投影片缺之不可的「侘寂」美學

「日本人的投影片都做得好美。」

出社會第一年，我參加了一場國際會議的餐敘，參加者熱烈討論這個話題。世界各國的人都你一言我一語地說「我也覺得」、「我也有這樣想過」。我開心地想要加入話題，但仔細一聽才發現，他們並非在稱讚。

「投影片那麼美，但為什麼看起來總是缺乏從容感呢？」

一句話就戳中了我的痛處。不擅長用英語做簡報，或許也是一大因素，但在投影片的製作上，我們日本人基本上都是缺乏從容感的。

為了「以防萬一」，我們把所有資訊都放了進去，做出了資訊量滿載的投影片，結果整場簡報變成講者只是照念投影片上的文字而已。講者的目光都放在投影片上，忘了眼前聽眾的存在，這樣的簡報是缺乏魅力的。

ＪＩＣＡ的同事曾對我說：「真可惜，你們日本明明有『侘寂』[6]的文化。」他正是那位推薦《presentationzen 簡報禪》給我，告訴我連賈伯斯也將禪意運用在簡報上的恩人。

於是，我找來賈伯斯發表 iPhone 新商品的知名簡報，以及被譽為全球簡報最高殿堂的 TED Talks，仔細觀察這些簡報高手們使用什麼樣的投影片。每看一場都讓我驚呼一次：

「什麼？只有這樣？」

每一場簡報所使用的投影片都極為簡約，有時只有一張照片，有時只有

6 譯註：「侘寂」源自佛教概念，是將「不完美的、無常的、不完整的」視為美的日式美學。

短短一段文字。與其擔心漏講了投影片上的哪一段資訊，不如乾脆什麼都不放——我發現了這項寶貴的啟示。

於是，我開始嘗試在簡報中只使用照片，沒想到事情比我想像的還要順利。因為光看投影片，無法得到足夠的資訊，所以當我說話時，聽眾反而比以往更專注。結果就是，我的語言遠比過去更強而有力，更能撼動人心。

第131頁是我在某個簡報比賽獲得冠軍時所使用的投影片。如圖所示，畫面中只有兩行字：「40,000」和「嚴重的師資匱乏」。要將這個數字和這段話銜接起來，就得靠講者自行說明。

「孟加拉被稱為亞洲最貧窮的國家，他們的處境真的很艱難。首先，他們的教師人數嚴重不足，不足的名額竟高達四萬人。這是二〇一〇年的數字……」

作者製作

我在正式上場時是這麼說的。正因投影片的資訊太少，所以講者能用自己的語言解釋，而不會受限於投影片。

不完整的投影片，不僅能製造留白，激發聽者的想像力而產生共感，同時對講者來說，因為不能把講解的責任推給投影片，所以會更加敦促自己在腳本、口白和訓練上，做好萬全的準備。

製作投影片的訣竅，就在於學習日本特有的侘寂美學。將文字刪減到會讓自己產生緊張感的程度，刻意讓資訊不完整，才是恰到好處的呈現。

一張投影片，零點五個訊息

這裡以我的簡報為例，來說明如何刪減資訊。

「從孟加拉的補習班找來有名的老師，將他上課的影像錄下來，製作成DVD。」

說明這段內容時，究竟需要幾張投影片？

應該有很多人會覺得一張就夠了。確實，如果故事的背景不是孟加拉，而是日本的話，只需要一張拍出東進高校上課景象的照片，多數人就能充分理解。

但故事的舞臺是在海外，而且是孟加拉，一個多數日本人都不熟悉的國家，這就不能同日而語了。聽眾連那裡有沒有補習班都不知道，提到知名補教老師時，也無法從記憶中提取出任何人的面貌。應該有很多人難以想像在開發中國家錄製教學影片是什麼景象，甚至不確定那裡有沒有辦法將影片製成DVD。

有時，當我們試圖站在聽者的立場，製作一目了然的投影片時，就會發現需要準備的投影片張數，是原本想像的二至三倍。

我將這樣的做法稱為「一張投影片，零點五個訊息」。

實際上，我為了說明「從孟加拉的補習班找來有名的老師，將他上課的影像錄下來，製作成DVD」而準備的投影片就在第135頁，數量高達四張。若時間充裕，有時我還會再增加二至三張投影片。

沒有必要只用一張投影片，就把所有事情講完。要讓投影片有所不足又帶有懸念，「一張投影片，零點五個訊息」就夠了。重點在於，要刻意保留不完整，讓講者必須口頭說明。

這種不完整，會讓聽者將注意力放在講者身上，這是通往共感的導線。正因為不完整，聽者才會發揮想像力填補空白，進而透過想像產生共鳴。

補教界第一把交椅的英語老師允諾協助

經過長達兩個月的攝影

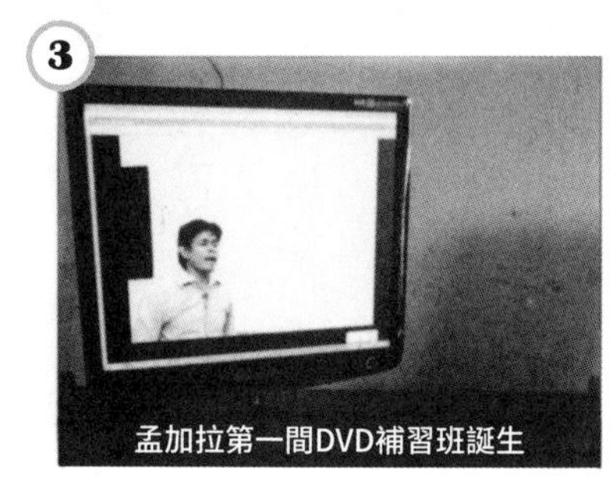
孟加拉第一間DVD補習班誕生

每天拼命學習的學生們

作者製作

重要的是減法思維，而非加法思維。因為透過刪減所產生的留白，也就是「一張投影片，零點五個訊息」，將會成為觸發聽眾產生共感的開關。

要使用減法思維而非加法思維。那麼，要如何才能讓投影片變得簡約又不完整呢？接下來，就讓我來解說具體的實踐方法。

必須消除的三種雜音

以為說明愈多愈好懂，而增加文字量；以為字型和顏色愈多愈清楚，而在文字的造型設計上下功夫；以為愈有動感愈吸引聽眾，而大量使用動畫和轉場。

投影片的製作上，充滿了無數的誘惑，讓我們忍不住陷入加法思維。但過去慘痛的失敗教訓，讓我領悟到這些都是多餘的。以上要素都會變成干擾聽眾的雜音，成為簡報的絆腳石。

製作投影片的可怕之處，莫過於此。出於體貼而增加的要素反而變成阻礙，結果讓聽者離共感愈來愈遠。以下就來介紹三個能避免此種悲劇的減法思維，請各位多多留意。

1 文字的字型和顏色種類要少

就拿我在簡報大賽奪冠的投影片來說，我使用的最小文字是 50 pt，最長的一行是九個字：「①了解孟加拉的課題」[7]。我在其他地方使用的投影片，

7 譯註：日文原文為十八個字。

也差不多都是這個狀態。

這當然是在製造不完整，但也是在顧慮聽眾的感受。我參加的那場簡報大賽，聽眾的規模超過百人。因此，要是文字太小的話，坐在最後一排的人就看不到了。

我想說「反正寫了也看不到，那不如直接省略」，而將投影片上的文字減到最少，並將文字大小盡量放大。

在投影片上輸入文字時，要注意的一點是，不要讓聽眾感到不協調。比方說，每一張投影片上的文字，都使用不同的字型或顏色的話，聽眾就會產生不協調感，而無法將注意力專注地放在講者的簡報內容上。讓這種事情發生的話，就太可惜了。

文字的字型種類，也請降到最少。若是考慮到聽眾的易讀性，字體則可選擇黑體（Gothic Typefaces）。似乎有不少人會使用接近手寫字的明體（又稱宋體），但明體的線條較細，對距離較遠的人來說，有些筆畫會淡到消失，可能造成閱讀不易。相對來說，黑體是高速公路的路標所採用的字型，即使距離很遠，易讀性還是很高。如果你不知道哪種字型比較好時，不妨就選擇黑體吧。

文字的顏色也一樣，不可隨意變動。只有在強調時，才能換一種顏色，因此除了基本色，再外加一種顏色就夠用了。關於強調的部分，如果顏色本身也有意義的話，那還可以再加上一種強調色。孫正義在他的投影片中，將藍色當作正向強調的顏色，將紅色當作點出負面要素的顏色，在顏色的選擇上，也符合了大眾所熟悉的紅綠燈的燈色。

2 表格或圖表不使用標準格式

若使用簡報軟體，無論是 PowerPoint 或 Keynote，當你要插入圖表時，就會出現有著繽紛色調的標準格式。

但在表格或圖表上，不僅要使用最少的顏色，最好連框線也盡量刪除。插入圖表時，若是折線圖或直條圖，圖表側邊會顯示數值，這也要刪除。

再者，無論是圓形圖或直條圖，都不建議使用立體造型。表格或圖表只是用來補充邏輯理論的一種方法。用立體等的造型裝飾它的外表，不但不會讓聽眾產生共鳴，反而還會變成一種雜音。

真正該注意的是重點的標示。**在表格或圖表中，只有你想要強調的部分**

才要改變顏色，重點以外的資訊都應該盡量刪除。

比方說，如果你的目的是表達營業額的變遷，那就沒有必要把每年的營業額都寫出來。若要說明從二〇一〇年到二〇二〇年是如何變化的，那只要將你最想要傳達的部分清楚顯示出來就好，其他不需要的項目都該盡量刪去，力求製作出簡約的表格或圖表。

3 轉場、動畫皆可省略

在剛接觸簡報軟體的那段期間，軟體中各式各樣的效果十分新奇有趣，所以我忍不住這個也用一下，那個也用一下。

但真的在做簡報時，若放出了不常見的效果或動畫，聽者的注意力就會

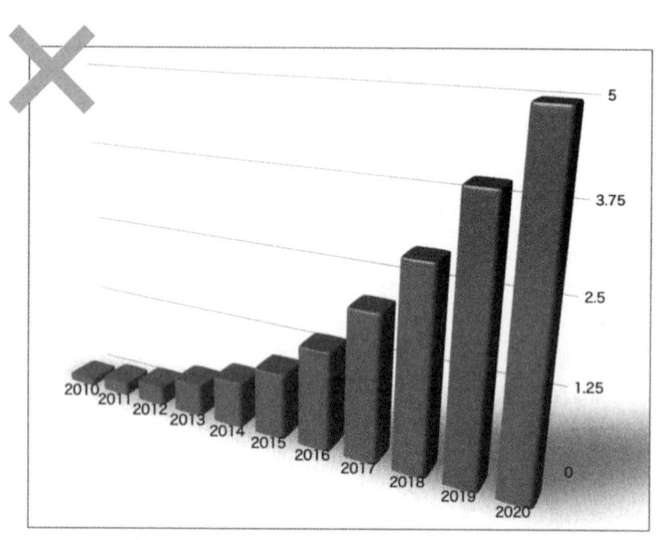

用簡報軟體的標準格式製作的圖表。看不出哪裡才是講者想傳達的重點。 作者製作

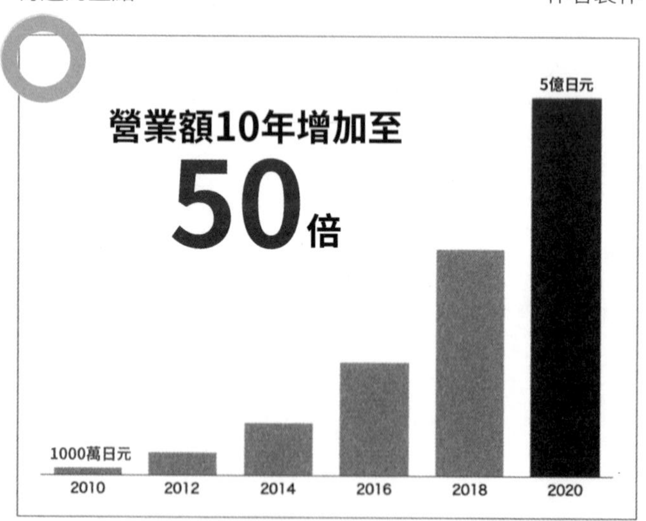

只將最想傳達的部分突顯出來。 作者製作

被吸引過去。我必須很遺憾地說，這也是一種雜音。

解決方式是避免使用效果或動畫。簡報大賽冠軍投影片的轉場，我只用了表現時間變化的「彩色淡化」效果，以及讓某個局部畫面產生動作的「瞬間移動」（Magic Move，Keynote 的特殊效果）效果。動畫則是完全沒使用。

文字、圖表和轉場等的雜音要盡量刪除。只要有注意到這個部分，你的簡報就一定能擺脫枯燥乏味。

留白的三個小技巧

不完整的投影片中的留白部分，能醞釀出聽者的共感。

這就是製作投影片時的最大重點。搭配前面介紹的減法思維，這裡有三個製造留白的小技巧要介紹給各位，敬請參考。

1 投影片大小採用熟悉的 16:9 比例

投影片的長寬比大致可分為 16:9 和 4:3。數年前的主流是 4:3，這是當時的標準格式。但從二〇〇〇年代前半開始，16:9 激增，如今已成為標準格式。**16:9 的格式較容易製造出能使聽眾共感的留白**。再加上，現在我們看的數位無線電視，基本上都是 16:9，YouTube 的影片也是 16:9。換言之，16:9 同時也是我們所熟悉的格式。

不過有一點必須特別留意，那就是某些場所可能只有提供 4:3 的螢幕。若在 4:3 的螢幕投射 16:9 的投影片，下方會出現不美觀的間隙。最好在初期的階段就先確認，你要進行簡報的場所提供的是哪一種比例的螢幕。

2 投影片的張數要多

如果是一小時的簡報，有時我的投影片會超過一百張，因此當我提交投影片時，對方往往感到十分驚訝。

用單純的數學計算，以「一張投影片，零點五個訊息」製成的張數，會是「一張投影片，一個訊息」的兩倍；更何況有些人是在一張投影片中放入多項訊息。因此相較之下，我的投影片張數甚至會是別人的十倍以上。

不用怕張數太多，因為訊息量是一樣的。**反而要覺得增加投影片張數比較好**。當然不是要無意義地增加張數，以下教各位有效增加投影片的方法。

第一種是大綱頁。這種投影片的功能類似目錄，能讓聽者一眼看出，講者在整個簡報中，正說到哪一個部分了。

幾分鐘或十幾分鐘的簡報不需要大綱頁，但超過一個小時的簡報，聽眾聽到一半時，一定會困惑地想說：「現在是在講什麼話題？」「還要繼續講多久？」只要明確知道從目前所在地到目的地，還要經過哪些路程，聽者就能感到放心，進而專注聆聽你所講的內容。這就是大綱頁的效果。

另一種有效的方法是插入空的投影片，也就是插入畫面全白或全黑的投影片。當投影片上的資訊量為零時，聽者就會將視線轉向講者。

無論是 PowerPoint 或 Keynote，都有設定放映變黑的快速鍵，就算沒有插入空的投影片，也能讓畫面變黑。有需要的話，可善用空的投影片或放映變黑的快速鍵，讓聽眾的視線轉向講者。

1. 前言（自我介紹）
2. 孟加拉的課題
3. 我們的挑戰
4. 今後的展望

1. 前言（自我介紹）
2. 孟加拉的課題
3. 我們的挑戰
4. 今後的展望

1. 前言（自我介紹）
2. 孟加拉的課題
3. 我們的挑戰
4. 今後的展望

1. 前言（自我介紹）
2. 孟加拉的課題
3. 我們的挑戰
4. 今後的展望

1. 前言（自我介紹）
2. 孟加拉的課題
3. 我們的挑戰
4. 今後的展望

大綱頁的範例。可通盤掌握簡報內容，一目了然。　　作者製作

3 文字不如照片，照片不如影片

俗話說「百聞不如一見」，照片所能傳達的資訊量，遠比語言還多，而影片所能傳達的資訊量，又遠比照片還多。

簡報的主角固然是講者，但如果聽者的注意力過度放在照片或影片上，也會成為一個問題。不過以我為例，我的簡報是在邀請大家幫助開發中國家的高中生升學，我在講的是距離聽者十分遙遠的另一個世界，在這樣的情況下，照片和影片就能成為贏得共感的重要輔助道具。

照片中有講者的話，效果又更好，但平時若沒有刻意紀錄，要做投影片時就會找不到可用的照片或影片。因此，平日就要多多請人替自己拍攝。

再者，儘管照片有其必要性，但我們還是會碰上沒有照片或照片品質不佳的情況，這時還有另一個方法，那就是使用免費素材或購買付費圖片。

使用免費照片時，若是因為找不到完全符合要求的情境，而勉強選了一張類似照片，反而可能招致誤解。真有需要，最好把付費照片也納入考量。

「共感投影片」重點整理

- 對「簡報要有投影片」的想法，抱持懷疑精神。若沒有必要，就不必勉強製作投影片。

- 製作投影片時，要發揮侘寂的美學。採取「一張投影片，零點五個訊息」，不完整能創造留白，留白能帶來共感。

- 文字的字數、字型與顏色要降至最少，圖表上的多餘要素也要刪除，動畫、轉場可以不用。

將魯夫的「人格力」視為教科書，
不當最厲害，要做最惹人愛

以展露弱點拉攏對方的「共感口白」

請比較以下兩篇文章。

自我介紹

A

「我姓三輪，我是NPO法人e-Education的代表理事，我們的工作是在開發中國家從事教育支援。e-Education已創業十年，雖然面臨過許多困難，但在眾人的支持與協助下，至今我們的教育支援，遍及十四個國家，受惠的孩童高達三萬人。

我們的這些活動受到肯定，二〇一六年，商業雜誌《富比士》(Forbes)將我評選為『亞洲三十位三十歲以下傑出青年』。其他獲頒此獎的人包括，活躍於美國職棒大聯盟的田中將大、體操運動員內村航平、職業網球選手錦織圭等人，能與他們一同獲獎，令我備感殊榮。今後，我也會努力讓自己與他們的成就並駕齊驅，成為一個幫助世上孩子完成夢想的領航者。請各位多多支持。」

自我介紹 B

「我姓三輪，我是NPO法人e-Education的代表理事，我們的工作是在開發中國家從事教育支援。我的個性三分鐘熱度，做事總是不持久，但一眨眼，從事活動至今，竟然已長達十年。連我自己都感到很訝異，不過，還發生了另一件令我驚訝的事。

那就是二〇一六年，商業雜誌《富比士》將我評選為『亞洲三十位三十歲以下傑出青年』。一同獲頒此獎的人還包括，活躍於美國職棒大聯盟的田中將大，以及職業網球選手錦織圭。這真是像在做夢一樣。雖然我的領袖魅力比不上他們，但在夢想的大小上，我絕對不會低頭認輸，今後我也會繼續支援世上的孩童，盡力做好每一件當下能做的事……不過，我是很容易擔心害怕的人，如果能得到各位的任何一份支持，都會為我帶來信心。」

哪一個自我介紹會讓你想要支持對方？

以上兩篇文章都是我在簡報中使用過的自我介紹，但當我從A切換成B後，我們活動得到的支持遠多於從前。同時，我也能以輕鬆的心情敘述自己的經歷，不必再強迫自己表現得正經八百。

過去，我的目標是成為一個強大而正確的領導者，因此我會盡量讓我的言行舉止符合這個形象。但那時候，我的下屬、夥伴，乃至簡報的聽眾，沒有一個人對我的想法產生共鳴。反而是當我開誠布公地承認自己的脆弱與失敗後，才開始引起聽眾共鳴，打從內心支持的人也變多了。

那麼，暴露自己的脆弱和失敗的領導者，會是一個怎樣的領導者呢？

日本暢銷漫畫《航海王》(ONE PIECE)的主角「草帽魯夫」，就是一個很好的例子。他一方面有著強大的能力，但另一方面，身為海盜的他卻是個不會游泳的旱鴨子。然而，他卻抵不住好奇心，屢屢跳進大海中，又屢屢靠著同伴們的幫助而得救。魯夫的魅力不在於他有多厲害，他之所以贏得了大家的喜愛，是因為他有著率真又正直的個人特色。

目標不是最厲害，而是最惹人愛。這就是我從魯夫身上得到的啟示，不只在做簡報時，平日的會議、對話中，我也會提醒自己保有這樣的心態。本章要介紹的就是，如何創造出惹人愛憐的「共感口白」。

共感口白會跟著講者一起進化

前面曾經提到，在腳本、投影片、口白、訓練這四個建構簡報的要素中，腳本最為重要，投影片的優先順序最低。那麼，口白排在第幾位呢？其實口白的重要性不亞於腳本，在共感簡報中的優先順序，與腳本難分軒輊。

口白好，即使沒有投影片，腳本有些矛盾，還是能打動人心，讓聽者願意支持你。口白就是如此重要，這方面的技巧左右著簡報的成敗。

只不過，與腳本和投影片相比，口白技巧無法在短時間內習得與實踐。不僅如此，口白也會隨著講者的經驗累積，自然而然地產生變化。

為何口白會產生變化呢？這是因為講者的人格特質，每分每秒都在不斷變化。而我認為講者的人格特質，正是共感口白的核心關鍵。

你對你的人格特質，是否已有十足的掌握？

有脆弱與失敗的一面才能惹人愛

我從小就對自己愛哭的個性感到自卑。

每一部標榜「讓全美感動落淚」的電影，我都每看必哭；看漫畫，我也經常哭到雙眼紅腫。高中時代，我還曾在課堂中忽然想起前一天看的漫畫情節而哭了起來，結果老師和學生紛紛前來關切，那麼可恥的往事，我真是不願再想起。

即使出了社會，年過三十，還是改不了愛哭的習性，我甚至為此曾在搜尋網站上輸入「不流淚　方法」，查詢有沒有什麼改善的辦法。我把愛哭看成是我的重大弱點，尤其在當上e-Education的代表理事後，我更是為了成為一名強大、正確的領導者，而一直強忍著淚水。

夥伴們接二連三離開組織的那個時候，我也是拼命把眼淚往肚裡吞。我鞭策著自己要變得更強大，結果我的語氣愈來愈嚴厲，對屬下、夥伴愈來愈缺乏寬容，連對方犯了一點小錯，我都要質問究責，長期下來，衝突也日益增加。

「我要成為強大而正確的領導者。」當我愈是這樣告訴自己，夥伴們的心就離我愈遙遠，甚至一個接一個離開團體。

有一天，下屬的一句話，讓事情出現了轉機。

「三輪先生，你總是想在爭辯中把對方扳倒，老實說我很怕你。」

對方鼓起勇氣，邊哭邊這麼訴說。一想起他淚流滿面的模樣，至今都會讓我因強烈懊悔而感到胸口絞痛。但因為有了他這句話，才讓我徹頭徹尾地重新檢視自己的溝通方式和簡報風格。

強大與正確固然重要，但若一味地強調強大與正確，而變得不敢展現出脆弱和失敗的一面，就會讓人失去身為人的魅力。

「謝謝你鼓起勇氣告訴我這些。」

看著下屬落淚，我也不禁跟著流下淚來。我打破了過去所設下的枷鎖，展現出自己的脆弱，坦承自己的缺點。

害怕自己身為領導者卻犯錯，擔心下屬看到我流淚會對我失望，以及傲慢地以為只要我一直做出正確的決定，大家就會無條件追隨我。我坦白地向大家承認犯錯，並找時間與下屬、夥伴，一對一地深談。

在那之後，我就成了大家眼中的「淚腺發達代表」，我也開始動不動就在簡報時掉眼淚。但對我來說，在展現出令自己自卑的愛哭特質之後，下屬和簡報的聽眾都變得比以前更能對我說的話產生共鳴。

有脆弱與失敗的一面也沒關係，展現出這樣的一面，反而更能讓聽者對講者有人味的一面感到愛憐，也更容易激發共感。不用害怕坦承自己的脆弱與失敗，因為在那之後，支持你的人絕對會遠多過指責你的人。

脆弱與失敗經驗，正是打造共感口白的最大武器。

你只要用你真實的個性來做簡報就可以了。

不過，有一個問題點，那就是能客觀掌握自己人格特質的人，似乎寥寥無幾。

以自己為主角進行個性分析

你喜歡的漫畫主角是誰？他／她有什麼樣的性格？

當我們被這樣問時，很多人能立刻回答。比方說，如果你喜歡的是《航海王》的主角魯夫，那你就能毫不猶豫地回答「正能量十足」、「不服輸」。但今天被問到的若是自己的性格，能立刻回答的人就不多見了。

人的性格是要站在客觀的角度才看得見。關於自己的人格特質，本人反而看得最不清楚。

我們理解自己的唯一方法，就是請身邊的人回饋他們的看法。不過，如果彼此的信任度不夠，對方也很難誠實地指出我們的弱點或缺點。不僅如此，要面對自己的內在，尤其是不好的部分，需要相當大的勇氣與覺悟。

因此，這裡要向大家推薦的是，一個把自己看作漫畫主角，讓自己的人格特質閃閃發光的做法。

首先，把自己當成故事主角，接著整理出：自己有把握的優點和缺點，在簡報所敘述的故事發展上，具有什麼樣的意義；以及過去的成功經驗和現在的性格有什麼樣的關係，尤其是自己的弱點與成功經驗有何因果關係。

當我們凝視著自己的脆弱與過去的失敗、錯誤，並找出與現在的自己的因果關係時，我們就會像在看一個漫畫主角般，愈來愈對自己產生愛憐。

性格不是一朝一夕就能改變的。就像是我的愛哭特質，每個人身上一定都有一個令自己自卑又克服不了的弱點，但只要我們重新找到一個不同的角度去定義它，這個弱點或缺點就能變成一個充滿人味的個人特色。

性格沒有好壞之分，重要的是，我們如何去賦予其意義。

幻想自己是一個漫畫家，並試著把自己當成主角來觀察。這時候，過去自認為是缺點和弱點的部分，一定也能變成閃閃發光的特質。

每個人身上一定都有像魯夫一樣令人愛憐的缺點和失敗經驗。

不妨參考第164頁表格中的做法，重新將自己的弱點定義成強項。

口白要有觸動人心的節奏

即使完成了腳本和投影片，也確實捕捉到了自己人格特質的輪廓，簡報仍有可能失敗。

如果拿漫畫來比喻的話，應該就很容易理解。即使故事的設計很精緻，

弱點與強項的互換表

弱點（缺點）	強項（優點）
缺乏自信	謙虛、 不會因過度自信而輕忽大意
膽小、優柔寡斷、容易擔心	慎重、擅於做好風險管理
動作慢	細心、縝密而確實
玻璃心、怯懦	感受力強、體貼
意志薄弱、容易隨波逐流	尊重他人意見、 做事和想法有彈性
怕生	會仔細觀察他人
沒有主見、 太過在意他人想法	配合度高、擅於團隊合作
不擅長在眾人面前說話	懂得聆聽、懂得三思而後言
三分鐘熱度	好奇心旺盛、心情調適得快、 不會拘泥於某項事物
靜不下來	行動力強
急性子	工作又快又俐落、 懂得時間管理
愛管閒事	擅於察言觀色、溝通、 照顧他人
做事沒有計畫	機動性高、能臨機應變
沉悶、不開朗	沉著冷靜、不會得意忘形
頑固、任性	有原則、意志堅定
好勝心強	不屈不撓
思考不全面	能專注在一件事情上
愛出風頭	自發性高、有行動力
行事草率	豁達、不吹毛求疵

弱點和強項是一體的兩面。自以為是弱點的地方，經常能成為自己的強項，表格介紹一部分例子。　作者製作

繪圖相當專業，主角的人格特質也很有魅力，但如果故事情節的節奏感不對，就會讓讀者看到一半失去興趣。節奏感、速度感不佳的漫畫，就是會讓人失去閱讀的胃口。

簡報也是如此。無論腳本、投影片再怎麼出色，只要口白的節奏感、速度感不對，聽眾聽到一半就會失去興趣。每當我聽到這樣的簡報時，都會替講者感到惋惜。

相對地，有些人不怎麼練習，也能說出具有節奏感的口白。遺憾的是，我在準備和練習不足的情況下，口白就是會缺乏節奏感，但也正因如此，促使我發展出了一套技巧，這套技巧可以讓不擅長講故事的人，也能說出流暢的節奏感。以下將介紹三項我特別重視的法則。

1 以「微破題」起頭的懸疑解謎法則

「簡報一開始就要說結論。」

在書店翻閱如何做簡報的工具書，會發現很多書都提出了這樣的主張。但囫圇吞棗地相信這句話，可就不好了。我會這麼說是因為，令我感到精湛的簡報，都不會在一開始就把結論說完。

其實稍微想一下也能明白，一開始就把結論說完的話，聽眾就沒有必要繼續花時間慢慢聽到最後，沒有人會想要聽一堆沒完沒了的P.S.。只不過，完全不告訴聽眾自己將要說什麼內容，恐怕也會讓聽眾感到坐立難安吧。

要在化解聽者不安的同時，又讓他們有動機繼續聽下去，就必須在簡報

的開頭介紹「一部分的結論」，這就是所謂的「微破題」。

我在簡報大賽中奪冠的簡報，是以這樣的微破題起頭：

「今天我會跟各位講三件事。第一件事，是帶大家認識孟加拉這個國家。第二件事，是帶各位了解我們 e-Education 的活動。最後，是邀請大家成為我們的一分子。讓各位成為我們的一分子，是今日目標。」

雖然指出了簡報的方向，但大部分的內容都藏而不說，如此一來，就能像懸疑故事一樣製造懸念，讓聽眾迫切想知道答案。e-Education 在從事什麼樣的活動？成為一分子又是什麼意思？聽者為了化解心中這些懸念，就會認真聆聽簡報。

簡報就是要在開頭和結尾說結論，這被許多人認為是一種定律。

但正確來說，應該是在一開始以微破題點出結論，讓聽者產生懸念，最後再傳達完整的結論，解開謎團，讓聽眾豁然開朗。這就是有好的節奏感的簡報。

最後看到了事情的整體樣貌，而感到豁然開朗時，這種豁然開朗就有可能成為心理學上所說的「宣洩」(catharsis)，激發當事人的共感。

隨著謎題一道一道解開，聽者沉浸在講者的口白中，不知不覺就聽到了最後。一開始是製造懸念，最後讓聽者豁然開朗。光是能注意到這個部分，就能讓你的整體簡報產生好的節奏感，聽者的共感度也會大幅提升。

只不過，有一點必須特別注意。這個法則只適用於，聽者知道這場簡報需要從頭聽到尾的時候。向主管進行彙報時，若用同樣的方式陳述，就有可能會被嗆說：「趕快給我說結論！」請大家務必小心。

2 效仿鬼屋的心驚膽跳法則

簡報一開始要製造懸念，最後要讓聽者豁然開朗，那中間該注意什麼？我會注意的是，緊張與緩和的收放。換言之，就是追求令人感到心驚膽跳的口白。或許有些人不想讓聽者的心情懸在那裡，而排斥在說話時製造緊張感。但關於這一點，各位大可不必擔心。

以鬼屋來比喻，這就像是擔心遊客會受到太大的驚嚇，而不敢把機關做得太嚇人。這樣一來，遊客根本不會害怕，也不會被激起情緒。雖說簡報要創造的是另一種不同的緊張，但都是緊張，而這種緊張感正是讓聽者認真聆聽下去的動力。

走出鬼屋時，也就是當緊張感緩和下來時，人的心情會如同瞬間重見天日，而這種感受能帶來感動。令人感動的電影或漫畫在來到催淚的高潮前，一定會有一段持續的緊張狀態。當心驚膽跳、感到緊張的時間愈長時，人就愈容易在寬心的那瞬間流下淚來。

不過，在電影、漫畫唾手可得的今日，我們隨處都能遇到感人的故事。起承轉合的敘事結構，也變得一般化，因此不少聽者應該都會預料到，在「轉」之後必定迎來最後的「結」。

因此，在簡報中，要設下兩個以上的緊張與緩和，如同雙峰駱駝背部曲線的連續起伏。**提醒自己在講述的時候，反覆製造緊張與緩和的氣氛，讓聽眾像坐雲霄飛車一般。**

我平常做簡報也會注意這件事。先敘述我遇見邊哭邊念書的孟加拉高中生，到他們實現夢想、考上大學的故事，這是第一個起伏。接著，敘述遭逢恐怖攻擊事件[8]後，我從身心崩潰到重新站起來，這是第二個起伏。製造兩個連續的高潮起伏，讓觀眾至少能經歷兩次的緊張與緩和。

這並非我無中生有創造出來的技巧。最近，迪士尼及皮克斯的作品中，都一定會有兩個以上的高潮起伏，像坐雲霄飛車般，故事在起起伏伏之中，迎向最高潮。

你是否有在簡報的途中，為聽眾製造出一波又一波緊張與緩和？製造緊張時，你的敘述方式是否能毫無保留地讓聽者感到心驚膽跳？請以這些角度來檢查你的口白。

---

8 譯註：二〇一六年孟加拉首都遭到恐怖攻擊，該事件中有七名日本人喪生。

3 以沉默吸引視線的沉默與緊繃法則

「你的簡報啊，好像說得完美過頭了，缺乏人味。」

經過一次又一次的練習後，正當我覺得自己節奏掌控得宜，做出的簡報可圈可點時，我敬重的資深經營者，卻給了我這樣的評語。當時在人格特質的設定和腳本的製作上，我都仍有尚待加強的地方，但聽到這句話時，我立刻明白更迫切需要改善的是我的口白。

我認為，要精進簡報能力，上臺和練習的次數是不可缺少的。但練習得愈多，就會說得愈流利，這時反而可能令人感到口白過於機械化。

如何才能避免給人機械化的印象，說出富有人味的口白呢？

最簡單的解決之道就是與聽眾對話。這也是我經常使用的方法，透過向聽眾拋出問題，讓口白繼續向下發展。比方說，以下面的方式進行。

講者：「說到孟加拉，你會想到什麼？」

聽者：「很貧窮的國家。」

講者：「的確。那你覺得具體來說，他們一天可以賺多少錢？」

聽者：「我也不太清楚，大概一天一千日元？一個月三萬日元？」

講者：「你猜得很好，但他們其實更窮。如果是住在鄉村，很多人一天只能賺五百日元，家裡也沒有電。」

當你累積的對話經驗愈來愈多之後，就能脫離劇本即興演出。聽者也會因為講者在對自己說話，而逐漸打開心房。

只不過，對話式口白的缺點是，一次只能詢問一個人，無法詢問全體聽眾。有些簡報大賽甚至會禁止講者向聽眾提問。

這時候，我會使用的方式就是「停頓」。想要轉換話題，或想要營造出緊張狀態時，我會刻意製造數秒的沉默，以打破機械式的口白。也就是說，自己故意製造出現場的鴉雀無聲和緊繃的氛圍。

刻意製造三秒鐘的沉默，是需要相當大的勇氣的。剛開始的第一秒，現場的空氣會瞬間豬羊變色，第二秒聽眾的視線會開始朝你聚集，三秒後將會有一股難以言喻的靜默，朝你排山倒海而來。

說到簡報，我們往往只注意到要說些什麼，但像是沉默這種「不說話的時間」，也是其中的重要元素。懂得使用這種刻意的「停頓」，會讓你的簡報給人全然不同的印象。讓沉默變成你的武器吧。

字斟句酌到最後一句話

展現出弱點和缺點，讓自己成為一個令人愛憐的故事角色。除此之外，還要營造出觸動人心的節奏。基本上，一個能激發共感的口白，九成都取決於上述的人格特質設定和節奏感的營造。

但剩下的一成也很重要。想要讓聽者採取行動，就不能讓他們感到「絕大部分都有共感，但一小部分沒共感」。

你的目標是百分之百的共感，以及改變聽者未來的行動。因此，從頭到尾都必須徹底講究。

實現共感口白的最後一項重點，就是選詞用字。這聽起來好像是要求大家在細枝末節上做文章，但美麗的花朵正是長在枝頭，花朵若是枯萎了，整棵樹看起來都會很憔悴。

因此，請斟酌你的字句。簡報需要斟酌的地方只有三處：「翻譯」、「具象化」和「WHY」。你只需要實踐這三項簡單的選詞工作。

1 站在聽者的立場「翻譯」成好懂的語言

容我再強調一次，做簡報時，從聽者的觀點出發，是最重要的基本心態。在選詞用字上也是如此。

我的工作是在開發中國家利用影音教材進行教育支援，我若根據自己的實際經驗說：「我參考了東進高校的模式」，年長的聽眾恐怕會不太理解。對沒有用影音教材上過課的人而言，即使概念上能理解，還是很難透過「ＤＶＤ課程」這個詞彙，在腦中勾勒出具體意象。但愈是年長的人，愈容易對「想讓孩子們接受更好的教育」這個想法產生共鳴。

因此，當聽眾年齡較大時，比起介紹活動內容，我會花更多時間詳細介紹我和拼命讀書的農村高中生相遇的經過，以及促使我從事這個活動的背景。

若聽眾的年齡層分散的話，我會盡量照顧年紀較輕的聽眾，例如高中生或國中生，選擇他們也能理解的詞彙。

必須特別注意的是專業用語。例如，我們的教育支援是以「中離生」為對象，「中離生」一詞，對於從事國際協助或教育的人來說很好理解，但其他領域的人恐怕就聽不懂了。此時，我會把單詞替換成「因為某些原因而無法繼續上學的孩子們」，讓國高中生也能一聽就懂。

這就像「翻譯」，要選擇平易近人的用語，還要置換成聽眾好理解的說法。不過，有時光從自己的角度來看會有盲點，因此在練習階段就要盡量找不同立場的人聆聽，請他們指出不易理解之處。字斟句酌到最後一句話為止。

2 用「具象化」讓畫面浮現在眼前

這裡有兩篇文章，描述的是相同情境。

情境描寫 A

在孟加拉的農村裡，有一個為了考上大學而拼命讀書的高中生。他的目的是考上好大學，做份好工作，有穩定的收入，讓家人過幸福的生活。看著他努力讀書到深夜的模樣，我深深地被打動。

情境描寫

B

這是在我造訪孟加拉的農村時遇到的事。當時旅館停電，我因為熱到睡不著，而走到旅館外散步、透透風，就在此時，我看到一個在街燈下讀書的高中生。時間已經超過晚上十一點了，氣溫是三十度以上。雖然他的額頭不斷冒出汗水，但他仍專注地苦讀著那本皺皺爛爛的教科書。

他為什麼要讀得這麼拼命？我好奇地上前主動詢問他，他笑著對我說：「我想讓家人幸福，所以我要考上好大學，做一份好工作。因為家裡沒有電，所以晚上我都在這裡讀書。」他的笑容裡似乎帶著一絲悲傷。看著被他的汗水淋得皺皺爛爛的教科書，我深深地被打動。

各位覺得如何？只看A的描述，恐怕很難想像孟加拉的高中生，是在什麼樣的環境下讀書。相反地，應該有人看了B的描述後而有所感動吧？透過讓畫面浮現在眼前的描述方式，激發聽者的想像力，就更容易引發共鳴。

這個方式不僅能用在說明情景上，在解釋數據時也能派上用場。舉例來說，性少數（LGBT等）被認為占人口比例的百分之五，跨性別平權運動者杉山文野在解釋這個數據時，是這樣說明的：

據說，在日本被稱作性少數的人，至少占人口的百分之五。也許有人會覺得百分之五聽起來很少。

這裡我有兩個問題想問問看大家。首先，這個現場有沒有人姓鈴木、佐藤、高橋、田中？請你們幫我舉個手。（有一至二人舉手。）那接下來，有沒有人的朋友是姓鈴木、佐藤、高橋、田中？請你們也幫我舉個手。（現場有大半的人舉手。）

其實，這四個是日本最常見的姓氏，人口合計起來大約是總人口的百分之五。你們看到的這些人，就是百分之五。

單純只說「性少數者占人口的百分之五」，和說明「性少數者的存在比例，跟姓氏為鈴木、佐藤、高橋、田中的人的存在比例，兩者是一樣的」，會讓聽者在理解上產生非常大的不同。只是把姓氏當作例子，就能讓「百分之五」從一個單純的小眾數字，變成一個「自己的朋友和同事間或許存在當事人的數字」。因為講者用心找出了另一種形式來將「百分之五」具象化，使這個數字變得更容易傳達。

當你的簡報中出現需要強調的數字時，請好好思考看看，能不能將其替換成對聽者而言更生活化的數字。**一個數字或情境，若能讓人勾勒出更深入的想像時，就能讓人對這個簡報內容，產生更深刻的共感。**

3 著重「WHY」而非WHAT

「你說的話要放入更多感情。」

這是過去別人對我的簡報給予的指教，老實說，那時我根本搞不清楚該在什麼話語裡放入感情，而一直誤會了這句話的意思。

「沒有什麼是不可能的！」「力量小，但不會是無能為力！」

簡報末尾，我總是會放上一句我喜愛的話作結，把我的熱情灌注在結語上。但看了問卷調查上的感想才發現，打動聽眾的往往是途中分享的小插曲，而不是最後的結語。

我在途中分享的是，「為什麼」我會想採取行動的原委——當孟加拉農村裡的高中生們哭著告訴我：「我們太窮，所以上不了大學」，而讓我心頭一揪的時候；又或是，同樣在鄉下長大的我，絕對不想看到世上有人必須因為這樣而放棄夢想，於是展開活動的心理歷程。

不是你採取了什麼行動，而是你為什麼採取行動。打動人心的是「WHY」。因此，要把你的熱情，灌注在促使你做出行動的想法和感受上，沒有必要端出一堆冠冕堂皇的漂亮話。

不是要熱血地講述WHAT，而是要投入感情傳達WHY。這將成為最後的關鍵力量，促使聽者敞開心扉，將想法化做行動。

「共感口白」重點整理

- 展現出自己的脆弱與缺點，成為一個令人愛憐的故事角色。
- 懸疑解謎、心驚膽跳，再加上沉默與緊繃……用觸動人心的節奏，吸引聽眾的注意力。
- 站在聽者的角度，將難懂的詞彙換句話說，用一聽就有畫面的方式，呈現情境和數字，說你為何採取行動，而非採取了什麼行動，字斟句酌到最後一句話為止。

向練得比誰都勤快的鈴木一朗看齊

在不斷重複中潛移默化五感的「共感訓練」

「如果天才是不用努力就能成功的人，那我不是天才。如果天才是透過努力才能成功的人，那我應該是。如果有人以為我不努力就這麼會打棒球，那他錯了。」

這是超過二十年前，日本前職棒選手鈴木一朗接受採訪時說過的話。高中時期我曾以甲子園為目標，拼命練習棒球。對於當時的我來說，他的這些話是我的最大支柱，也讓我開始深思努力的意義。

努力的重點是質還是量？

鈴木一朗自小學起，就在一年三百六十五天中練習三百六十天，成為職棒選手後，也會把自己的擊球姿勢錄下來，透過影片不停研究與改善。他可說是一位全球頂尖級的運動員。

關於簡報的練習，我們也該向鈴木一朗看齊。肩負著公司的招牌或某人的期待，接受挑戰，在臺上用簡報打動人心，這跟為了球隊與球迷上場打球的棒球選手是一樣的。毫無練習就上臺，無異於連空揮都沒練過，就站上打擊區，下場顯而易見。

愛打棒球的高中生會參考職棒選手的擊球姿勢，同樣地，做簡報也該對自己想要看齊的講者多加研究。請將自己做簡報的樣子錄下來，重新檢視看看，這將是訓練的開始。

腳本、投影片、口白、訓練這四個構成簡報的要素中，訓練的優先順序因人而異。有些人即使未經訓練，也能做出如預期般流利的簡報，對這種人來說，優先順序較低；有些人未經訓練，就無法做出如預期般流利的簡報，對這種人來說，優先順序較高。你是屬於哪一種人呢？

本章要介紹的都是十分基礎的內容。若你長期以來都有進行訓練的話，這裡能參考的內容恐怕不太多。

不過，在我看來，更多人是不知道如何訓練，又或是明明深知練習和基礎的奠定，在工作及讀書上有多麼重要，但在簡報上卻沒有做過訓練。事實上，我過去正是如此。這裡將為這樣的讀者，介紹我自己每天都在實踐的訓練方式。

累積上臺次數以磨練技巧

擅長簡報的人都是本來就對說話很在行的人吧？既然如此，練習不就沒有太大的意義了？好像很多人都有這樣的誤解。

但擅長簡報的人不一定都愛說話，反而有很多是不擅與人交談的人。當然，這些不擅說話的人絕非毫無練習，就能在眾人面前做出流暢的簡報。他們是經過超乎想像的不斷練習與實踐，才慢慢磨練出大家看到的簡報技巧。

在全球各地拓展冰淇淋事業的班傑利公司（Ben & Jerry's）二〇一四年首次進軍日本時，舉辦了一場社會事業競賽「集合！好好好夥伴們」。當時，我獲選進入決賽。決賽是以十分鐘的簡報作為審查方式。這是我當上e-Education代表理事後，第一次站上這麼大的舞臺，因此我無論如何都想奪得冠軍，而不斷進行特訓。

決賽當天進入簡報會場後，有一名評審是從以前就十分關照我的前輩，他也是ＮＰＯ的經營者，當時他對我說了一聲：「加油喔。」多虧他的這聲鼓勵，才讓我能放鬆心情，展現出了比練習時更好的成果。

「我一定可以奪冠的。」我一邊這麼想，一邊滿懷自信地期待結果公布。

然而，獲得冠軍的是另一名參賽者——川口加奈小姐。她是認定ＮＰＯ法人Homedoor的理事長，長期以來為了打造出一個沒有人需要成為街友的社會而努力。雖然她的年紀比我輕，但她面對街友問題已奮鬥了十五年之久，在ＮＰＯ的經營上是我的前輩。她獲得冠軍，我也算是心服口服。

然而，沒能奪冠仍令我十分不甘心。於是，結果一公布，我就直接前去向她請教，她是如何磨練簡報技巧的。她回答我：「就只是上臺次數的累積而已。」如此單純的答案，讓原本滿心期待的我撲了個空。

仔細一問才發現，原來她在創業之初，也曾不知道該說些什麼，而且至今她都不覺得自己擅長在眾人面前說話。儘管如此，她還是觀察創業前輩們的簡報，從中不斷學習精進，而且她做簡報的次數，達到一年一百場以上，因此能在臺上展現出自然而真實的一面。聽完她的描述，我實在甘拜下風。

誘發你內在動機的自身經驗最能感動人心

她的簡報也確實直擊人心，令人落淚，我聽到一半甚至啜泣起來，其他聽眾也都噙著淚水，深受感動。因為她真摯地說出了最撼動她心靈的體驗。

川口小姐透過工作，經歷了許多感人的故事，她在簡報中提到那些故事時，語調中滿懷愛意，她用親切的發音稱呼她認識的街友大叔「薯叔」。許多人一站在眾人前，就會不自覺地端起架子說話，但她不會。她流露出自然而真實的一面，彷彿對著每一個聽眾親自說話般，既平穩又有力。我完全能理解為何川口小姐的話語，能打動那麼多人的心。

第二章「共感腳本」的企劃製作部分提到過，懷抱著非讓對方明白不可的強大意志，才是打動人心最大的原動力。激發你內在動機的那個事件，你無論如何都想和別人分享的那個感動體驗，更勝過其他任何故事。

川口小姐的簡報觸動了我，讓我流下淚來。我也重新體認到，我想成為一個更好的講者。在那之後，我開始積極聆聽更多人的簡報，而每當我受到他人簡報感動時，我都會一邊恨自己不爭氣，一邊轉念告訴自己，一定要成為一個更好的講者。

各位是否也曾聽過，令你感動到懊惱「那個講者怎麼不是我」的簡報？如果你還沒遇過，建議你從現在就開始尋找。**多多找出自己的理想範本，對於磨練簡報技巧，以及培養共感能力，都會有很大的幫助。**

周遭的人能帶給你啟發

要磨練簡報的技巧，就要反覆觀看可當作範本的精采簡報。被譽為簡報最高殿堂的 TED Talks 所舉辦的簡報演說，大部分已免費公開在網站上，任何人都能觀賞。

除了 TED Talks 之外，網路上能找到的精采簡報，多不勝數。只要有一支智慧型手機，就能看到全球最頂尖的簡報。

「簡報　影片　推薦」

閱讀本書的讀者，很可能也曾用這樣的關鍵字在網路上搜尋吧。我過去也有段時期，一心想要精進簡報能力，而把書上和在部落格上介紹過的影片，地毯式地看了一遍。

比方說，賈伯斯在史丹佛大學畢業典禮上的致詞影片，那是一場被譽為「傳奇演說」的著名精采演講。只不過，就算反覆觀看這部影片，各位的簡報能力也無法立刻獲得長足的進步。

這部影片中，既無法提供投影片製作上的啟發，又因長度僅有五分鐘，而很難看出一場演說可以透過什麼樣的技巧，令人留下深刻印象。要在條件與目的本身就不同的影片中，找出關於簡報的啟發與訣竅，實在不是件容易的事。

因此，我平時會在我的周遭，留心尋找有沒有可當成範本的影片。尋找與自己的簡報有共通點的影片，例如，跟我一樣從事ＮＰＯ工作的人，或是發表時間、聽眾人數相仿的簡報等等。

觀賞共通點較多的簡報影片，比較容易揣摩出他們在腳本、投影片和口白上用了哪些技巧。而我每每都能從精采的講者身上，看到我的簡報技巧與他們之間的落差。這件事其實有著極大的意義。

「明明是很相似的簡報，為什麼會相差這麼多？」

每每接觸到像是川口小姐等令我尊敬的NPO經營者所做的簡報，我都會有這樣的感想。正因是領域相近的簡報，更能突顯他們與我的程度之差。而這種不甘心的感覺，正是鞭策我提升簡報技巧的原動力。

若是以社會創業為主題的簡報，可參考「社會創新者公志園」（社会イノベーター公志園）、「Commons社會創業家論壇」（コモンズ社会起業家フォーラム）的簡報；若是創業募投比賽方面的簡報，則可參考「IVS Launch Pad」及「ICC CATAPULT GRAND PRIX」的簡報。

我在本書書末，整理出了一部分讓我反覆觀看的精采簡報影片，各位不妨參考看看。

像看電影、聽音樂般反覆觀賞簡報

觀看他人的簡報影片時，你會不會有一點放不下身段？反覆觀看同一部簡報影片的人，應該也寥寥無幾吧。

但我們對電影和音樂就不一樣了。聽到喜歡的歌曲，我們會一聽再聽，自然而然地連歌詞都倒背如流。同樣地，反覆觀賞精采的簡報，也會讓我們將講者的遣詞用字，乃至語調、抑揚頓挫、肢體動作等等，都自然而然地烙印在我們的腦中。

各位不妨也放下身段，像看電影、聽音樂一樣，多多接觸簡報。反覆觀看喜歡的影片，能讓我們內化講者的說話方式，進而提升自己的能力。

當然，我相信有些人會害怕，老是在模仿別人的影片，自己的簡報會不會淪為別人的仿冒品？

「自己的原創性在哪裡？」我曾在反覆觀賞別人的出色簡報後，產生這樣的擔憂。當時，有一位前輩告訴我：

「日語中，『學』（学ぶ）這個動詞，據說是從『模仿』（真似ぶ）一詞演變而來的，模仿絕對不是壞事。如果能從各式各樣的人身上，這邊偷一點，那邊偷一點，再把全部組合起來的話，那就會變成你的原創性了。」

這瞬間，我對於自己訓練方式的猶疑，一掃而空。

看到令你由衷感動的簡報時，別懷疑，就從模仿開始做起吧。

就像想成為歌手的年輕人，會以自己喜愛的音樂家為範本；熱愛棒球的少年，會模仿職棒選手的揮棒，我們也可以大量吸收自己有共感的簡報，將其內化成自己的一部分。

既追求質也追求量的共感訓練

如果你曾經被某個人的簡報感動，或曾經在觀看精采的簡報影片時產生共鳴，那麼你就已經為你的訓練做好準備了。因為你已經能在腦中勾勒出一個簡報完成式的形象了，接下來只需要讓自己朝著這個形象邁進，這不會是什麼困難的事。

只不過，再怎麼將鈴木一朗的揮棒姿勢，鮮明地刻印在腦海裡，如果沒有加上練習，也不可能複製出相同的揮棒。若是沒有打過棒球的人，甚至有可能連球棒都碰不到球。

簡報比起棒球，更接近我們日常生活的行為，因此有些人即使不練習，還是能做得有模有樣。但那離完成式的形象仍有很長一段距離，兩者之差有如門外漢與職業選手的揮棒之差。

當然，很少人像我這樣一年簡報一百次以上。很多人必須從平日工作中擠出時間來練習。在時間不足的情況下，要達到百分之百的完美狀態，老實說十分困難。

不過，我們仍可以在可能的範圍內，打動聽者的心，但此時有兩道非跨越不可的高牆。

・不看講稿，也不超過時間。

・事先改掉壞習慣。

從大方向來說，訓練的目的就在於跨越這兩道高牆。因此增加練習量，提高練習品質，是非常重要的。

1 不看講稿，也不超過時間

不好的簡報有兩種特徵，一是時間超過，二是講者一直照稿念。關於這兩點，我想應該不會有人提出異議。

超過預設好的時間，會讓聽者焦慮地想：到底要講到什麼時候？會不會耽誤預定的安排？會不會對下一個講者造成困擾？再怎麼感動人心的內容，都會從時間超過的那一刻起，將感動的情緒化為烏有。

再者，當講者一板一眼地照著講稿念的時候，就表示他幾乎不會和聽者四目交接。這麼一來，聽者就會感覺到「這個簡報不是在對我說的」，因而失去聽下去的興趣。無論詞語多麼優美，只要一板一眼照著講稿念，就無法打動聽者的心。

其實，這兩點也是我過去一直難以克服的兩大問題。想要克服，只能靠練習。一小時的簡報，就必須實際花一小時練習。從增加練習量、反覆練習開始做起，如此而已。

當你練得夠多，自然不必看講稿，也知道要說什麼。雖然每個人練好所需的時間不一，但只要反覆練過多次，就一定能背下內容，而講稿一旦背下來後，就不會輕易忘掉。

覺得自己不擅長簡報的人，大多數都是因為練習量不足。反過來說，只要增加練習量，就能克服自己對簡報的恐懼。

當你能夠不看講稿，在剛剛好的時間說完，那你就已經是一名稱職的簡報講者了。現在正要開始練習的人，請為自己確保足夠的練習量，達成這個目標。

2 事先改掉壞習慣

你有看過自己的簡報錄影嗎？

磨練簡報功力最好的方法，就是仔細觀察自己。請試著用智慧型手機，將自己做簡報時的樣子錄下來吧。回放影片時，要特別留心確認的地方是你的肢體動作——有沒有駝背？有沒有一直盯著投影片看？有沒有如坐針氈似地做出不自然的舉動？確認一下這些地方吧。

將每個舉動一一糾正後，你的簡報一定會進步。透過影片確認，可以察覺到很多小細節，沒有嘗試過的人一定要試試看。

錄下簡報影片後，只聽聲音不看影像，也能成為很好的練習。像是「呃……」、「然後……」等口頭禪，或是卡住不知道該說什麼的地方，都會變得十分醒目。單純只是改掉聽起來不順耳的口頭禪，也能讓你擺脫外行人樣。

另一個該注意的是，對「停頓」的掌握。例如，在斷句處有沒有不自然的停頓？又如，刻意製造的停頓有沒有做好做滿？當你能隨心所欲地掌握停頓，就更容易收服聽者的心。

快到正式上場日時，請務必在一個跟簡報現場相同的環境中練習看看。

能夠實地在現場練習，當然是最理想的，但若難以實現的話，可在家中或職場中，盡可能地複製相同的場景、狀況。比方說，穿正式上場時要穿的服裝，從被叫到名字走上講臺的地方開始練習，能讓自己多多少少體驗上臺時的緊張感。若能帶著心跳加快的緊張感練習，那再好不過了。

也許有人會覺得做到這種程度太誇張，但絕無此事。請記得，要改掉壞習慣，以及要在宛如簡報現場的環境中進行預演。像這樣提高練習品質，就一定會加快你的進步速度。

正式上場日以前一定要確認的事

簡報即將來臨時、上臺當天，以及簡報結束之後，還有一些可以努力的地方。接著就來跟各位介紹，我在這些時候會注意的幾件事。

無論準備期間多短，我都一定會在簡報前確認以下五個項目，我將其歸納成五個Ｐ，方便各位記憶。

1 Purpose（目的）的再確認

簡報是為了收服聽者的心，引導他們做出講者期待的行動而存在的。你想要誰做出什麼樣的行動？請再次確認你的目的。

若是接受組織團體之邀所做的演講，那就要弄懂委託者的期待，或是該活動的宗旨。若是報名比賽，則有必要確認評審方式，是由誰、針對什麼打分數的，再上臺挑戰。

2 People（聽者）的徹底調查

請在事前調查清楚關於聽者的情報。即使聽者人數眾多，也應該有辦法把握整體的屬性，看看是什麼年齡、業界、屬性的人比較多。若非公司內部的簡報，那就向主辦者詢問。

再者，若是會被評審的簡報大賽，並且有公開其他講者、評審員的資訊的話，也請掌握這些資訊。你要做的是，瀏覽他們的個人簡介、過去的採訪報導、社群網站上的貼文，確認他們最近在做些什麼。其他上場的講者會說哪些內容？臺下聆聽簡報的是哪些人？對簡報進行評審的又是什麼樣的人？請盡可能在上臺前，先清楚掌握這些資訊。

3 Place（做簡報的場所）的確認

你準備的投影片再精美，若當天不能使用投影機的話，也是枉然。如果打算播放影片，但現場沒有接喇叭的話，那就必須先想好替代方案，例如直接用麥克風收音。

我在進行簡報之前，一定會先確認有無投影機、麥克風、喇叭，以及現場大小、有無照明設備等細節。

有時候，我還會事先前往現場勘查。就算場勘有執行上的困難，我也會當天提早到現場，確認站在臺上時，聽眾看起來會是什麼樣子。

雖然多少會對現場的工作人員造成負擔，但為了同心協力將簡報做到盡善盡美，我還是會認真做好簡報場所的確認。

4 Print（講義）需要與否的確認

應邀至大學或企業講課時，對方可能會提出要求，希望講者能在簡報之外多準備一份講義。我一般在進行簡報時，都會希望聽眾能盡量看著講者，所以會拜託對方等到簡報結束後，才把資料發下去。

再者，正如第三章「共感投影片」所提到的，我認為投影片上的資料不能完整，因此若有需要向缺席者提供簡報的資料，那麼我就不會給對方投影片的影印，而是會準備一份將重點整理好的資料。

畢竟給了對方資訊量極少的投影片，也沒啥意義；然而，我也不希望聽者事先看過重點整理好的資料，所以即使有點麻煩，我還是會先跟主辦者確實商量清楚。

5 Protocol（現場規則）的確認

我曾經在一場泰國的國際會議上做簡報，但恰巧泰皇稍早過世，因此對方建議我穿著黑色或白色的服裝。有時會像這樣遇到對方在事前提出規則和禮儀，這時就要好好遵守，若有其他疑問，也請在事前確認。

我一般都是將紅色的孟加拉民族服裝，當作我的「幸運服」穿上講臺，因此我一定會詢問，這樣會不會違反規定。除了規定之外，我還會確認這樣是否會因某些潛規則，而對現場氣氛造成影響。

其他像是，打算在簡報中進行特殊示範，例如展示製品或服務，也要先向工作人員確認，示範內容是否會影響現場氣氛，這樣才能更放心地上臺。

上場前的三點注意事項，讓你的簡報無懈可擊

終於來到簡報當天了。雖然你恐怕已經緊張到腦筋一片空白，但還是請努力保持鎮定，做好最後這三項準備。

1 積極與參加者聊天、交朋友

若距離正式上臺，時間還充裕的話，請主動與參加者說話。一般來說，

我會積極向鄰座的人或身邊的人攀談。只要與聽者打好關係，到我上臺時，他們就會認真聽我說話，而更容易產生共鳴。聽眾之間自發性地產生的共鳴和感動，會如同湖面的漣漪一般向外擴散，自然而然地讓其他聽眾也受到感染。迅速成為朋友的聽者，會成為你的簡報的一股支持力量。

簡報不是只有靠正式上場決定一切，請充分運用到場後的每分每秒，讓自己能以最自在的狀態站上講臺。

2 練習最初的一分鐘和最後的一分鐘

距離上臺只剩一小時。來到此刻，人往往會雙手一攤，想說：「剩下就全看造化了。」但我們不妨利用最後一小時，練習簡報最初的一分鐘和最後的一分鐘。很多人說，簡報的決勝關鍵，就在最初和最後的一分鐘。因此對於什麼樣的語言、什麼樣的肢體動作，更能收服聽者的心，我們應當反覆推敲，直到最後一刻。當我們一次又一次在腦中模擬一開始要說的話和聽眾的反應，以及收服人心的最後一波壓軸演說，就能讓心情慢慢地冷靜下來。

3 最後要享受眼前景象，懷抱感恩的心情

距離上臺剩下十分鐘，這時，腦筋要一片空白，就讓它一片空白吧。到這個節骨眼上，只要對自己的練習懷抱信心即可。你可以在腦中想像聽眾對你的演說產生共鳴的景象。

別忘了對周圍的人懷抱感恩的心情。感謝給你這個寶貴機會的人，感謝

現場的工作人員，感謝簡報準備製作過程中幫助及支持過你的人。在心中默念對他們的感謝，能自然而然緩和你的緊張感。

好好環視現場的每一個人，在腦中喚起支持你的人的臉龐，帶著對他們的感恩心情，好好享受眼前的景象吧。

下場後才是最大的成長契機

能讓簡報技巧得到最大提升的時機，在於剛下場後的反省。想要趁著這個絕佳的訓練機會，有效率地加以反省，必須先知道有哪些反省「模板」。我都會利用以下兩種模板來反省我的簡報。

1 反省的基礎從ＫＰＴ開始

相信許多商務人士都聽過名為ＫＰＴ的反省法，應該也有不少人已經在平日實踐這套方法了。

- Keep（這次成功做到的地方）
- Problem（這次沒有做好的地方）
- Try（下次要挑戰的項目）

重新檢視自己的簡報的錄影，並分析哪裡該維持，哪裡有問題，以及下次要嘗試做出什麼樣的改進。事先知道該用什麼方式反省，能提高反省的精密度，也能降低抗拒反省的心理。

接著，再介紹一個額外的模板，能使聽者共感的反省方式。

2 以多元切入點來提高精準度的3×3

3×3（Three by Three）的做法是，請三個人針對三項重點做出回饋。具體來說，就是將反省的內容加以細分，以簡報四要素中的腳本、投影片、口白三項要素當作反省重點，正確掌握哪裡是自己有待改進的地方。

其實，自己一個人做，就能產生相當的效果，但可以的話，最好請三個你信賴的朋友給你意見。簡報的感想是因人而異的，往往有些人感動，有些人卻不感動。

舉例來說，我曾經拜託多名熟人，針對我的投影片給出意見。結果，現場坐在後方的人讚美說「看得很清楚」，但坐在前方的人卻說「文字太大，有壓迫感」。兩邊的意見都有道理。

於是，下次做簡報時，我沒有改變文字大小，但使用較細的字型，以消除最前排的人的壓迫感。

拜託可以坦白指正的人幫忙，他們的感想能讓反省的精密度大大提升。

任何人都能成為鈴木一朗

到此為止，就是我對「共感簡報」的介紹。

讓人感受到這是「我們的事」的「共感腳本」。

保留殘缺，刺激想像的「共感投影片」。

以展露弱點拉攏對方的「共感口白」。

在不斷重複中潛移默化五感的「共感訓練」。

或許有人會因為內容都很基本，而感到失望。

但要實踐打動人心的共感簡報，是沒有隱藏密技，也沒有捷徑的。不過了解了這一點，也就沒有必要再為了該怎麼做而躊躇不前了。訓練的次數愈多，你一定會愈進步。而你的未來也會因此改變。

如果讀到這裡，你仍擔心「這我好像做不到」的話，那就請你回到第一章再看一次。

出洋相、離婚、屬下紛紛離去，再加上經營連連失敗……

我曾經歷過這麼多挫敗，至今回想起來依舊令我心痛。

但透過那些悔恨與痛苦，讓我領悟到我們最需要的是共感。自從我開始實踐共感簡報後，無論在工作上或在私領域，好運與善緣開始一點一滴匯聚到我身邊，甚至在被譽為「簡報演說的天下第一武林大會」成為日本第一。

能夠奪冠當然是莫大的殊榮，但更令我高興的是，能讓在場的聽眾產生共鳴。

就像鈴木一朗活躍於球場上的英姿感動了我一般，竟然有這麼多人也對我的話語有所共鳴。甚至有人一邊流淚一邊對我說，他的人生因此改變了。

如果天才是透過努力才能成功的人，那麼對我來說，對各位來說，每個人成為天才的機會都是平等的。

請各位務必累積訓練，磨練腳本、投影片和口白的技巧，成為一名能做出打動人心的「共感簡報」的天才。

「共感訓練」重點整理

- 從跟自己的簡報有較多共通點的領域，找出由衷產生共鳴的影片，反覆觀看。
- 目標是時間不超過，也不用看講稿，以及改掉自己的壞習慣。
- 分別在簡報的「上臺當天」、「即將來臨時」，以及簡報「剛做完後」，實踐最佳的訓練方式。

今後時代所需的「共感」能力

簡報是為了誰而做

「老、老師，你是為了什麼、為了誰而做簡報的？」

過去曾有一名上了我的課的大學生，向我提出這個問題。

他的額頭浮出汗珠，聲音在發抖，眼睛盯著地板。感覺得出他不擅長和人說話。或許他也有過無法讓別人對自己的想法產生共鳴的苦澀失敗經驗。

看著他，我想起了過去的自己。

我有話想說。我有經驗想要得到別人的共感。所以我想改變。但我卻不知道如何說話才能讓人產生共鳴——我彷彿遇見了過去的自己，令人懷念的感覺襲上心頭。

為什麼我覺得我們需要「共感簡報」？

我透過簡報技巧的磨練，最終掌握了什麼樣的未來？以及此刻的我是為了什麼、為了誰而做簡報的？我突然好想把這一切都告訴他。

「我的回答有點長，你願意聽嗎？」

說完這樣的開場，我便開始向他闡述我努力不懈地做著簡報的理由。

簡報是為了「自己」而做

讓你進行某項挑戰的契機，或是誘使你選擇了目前工作的體驗，你還記得嗎？

當工作量增加，生活變得忙碌後，我們往往不小心遺忘了自己的初衷。

我也曾有過搞不清楚自己是為何工作、為何忙碌的經驗。那是因為我對自己的過去、自己的未來，失去了共感。

就在那樣的時期，我獲得了一次做簡報的機會，必須在眾人面前說出自己一路以來的軌跡。我自然而然地開始回想是什麼樣的經驗，促使我走上這條路。當我做完簡報時，我的心態也轉為積極進取，我告訴自己：「明天也要繼續加油！」

再者，簡報也必須談論未來，因此想法自然能得到梳理。

將腦中模模糊糊、尚未成形的未來願景，實際做成投影片，並思考要用什麼樣的語言，才能讓聽眾更加明白。在這樣的準備過程中，過去放在腦中思考時沒有發現的重點，逐漸清晰起來，對於事業的計畫和未來的願景，也愈來愈具體。

不僅如此，當我播放自己的簡報錄影時，會遇到對自己所說的話產生共鳴的瞬間，進而感到想替自己加油，也變得比以前更喜歡自己了。

將痛苦難耐的過去經驗，扭轉成邁向成功的故事；揭露自己的脆弱和失敗，將其化為成長的食糧。像這樣展現出自己真實的一面，是為了打動你的第一個聽者——你自己，讓你自己跟你站在同一陣線上，因此這是一個意義重大的行為。

透過共感簡報，我慢慢學會肯定自己，也逐漸誠實地找回自己的心靈與屬於自己的生活方式。

簡報也能幫助我們對自己的未來產生共鳴，並堅定自己的決心。我一邊懷著強烈的不安，一邊決心移居孟加拉的時候，正是如此。

「我要移居到我心愛的國家。」當我反覆做著這樣的簡報時，我開始對自己的語言產生共鳴，我的決心也愈來愈堅定。

「如果身體沒有向前進，那至少要讓你說的話是向前進的。」

這是我的重要貴人對我說過的話。

只要把想法說出來，意志就會愈來愈堅定，也會讓我們能夠跨出一步，去做過去遲遲無法做出的行動。時而回顧過去，對初衷產生共鳴；時而對邁向未來的話語產生共鳴，讓自己的意志更加堅定。

因為有這些效果，所以對我而言，簡報是我生命中不能缺少的事。

簡報是為了「夥伴們」而做

二〇一七年二月，當我決定挑戰有「簡報的天下第一武林大會」之稱的「ICC CATAPULT GRAND PRIX」時，雖然一方面覺得自己還不夠格，但另一方面我又無論如何都想贏得冠軍。

不是為了自己，而是為了我的夥伴。我無論如何都想奪冠。具體來說，是為了總是支持著我的 e-Education 的夥伴們，我無論如何都想要勝出。

二〇一六年七月，出戰簡報大賽的半年前，我受到孟加拉恐攻事件的影響，有一段時期陷入無法工作的狀態。恐攻事件發生的地點，是一家距離我當時下榻的旅館不算遠的餐廳。多名日本人被捲入該事件，受害者中還有我熟識的人。

我們 e-Education 的工作，是支援孟加拉的許多高中生，幫助他們考上頂尖國立大學。在恐攻事件發生之前，我一直十分自豪於「我為孟加拉的年輕人打造了光明的未來」。

然而，當恐攻事件的犯人公布時，我的自信心瞬間從立足之處開始土崩瓦解。因為一部分參與恐怖攻擊的人，正是成績優秀、上了大學的青年。

我在做的事是沒有意義的嗎？我是在培育參與恐攻的年輕人嗎？

雖然後來我為了安全起見而回國，但我的自責不斷加深，懊悔與無力感席捲而來，最後我罹患了憂鬱症。

事件後的一到兩個月，我連微笑都做不到。

恐攻事件兩個月後，我曾回到工作崗位，但我的狀態還沒復原，只是不停想著：「我該辭去代表理事了。」

我本來打算以這樣的狀態工作，但夥伴們向我提出了停職命令：「三輪哥，請你繼續休息，你現在絕對不能工作！」

我們是一個只有五個人的小型組織。可想而知，我休息的話，剩下四個人的負荷就會增加。然而，在我因憂鬱症而躺在家裡的那兩個月，他們都無怨無悔地扛下了我的工作，如今還叫我再多休息一個月。

夥伴們對我的體貼，讓我感動得淚流不止。也多虧他們，我才能花時間好好療癒自己內心的創傷。

休息期間，我的心情還一直搖擺不定。身為一個經營者，我考量到孟加拉的治安問題，恐怕會對我們的教育支援造成風險，而認為目前應該將我們的力量，放在孟加拉以外的國家。

另一方面，站在個人角度，我則是想立刻回到孟加拉，跟當地支持我的人重聚，重新思考我能為教育事業做出什麼貢獻。恐攻事件令我心靈受創，因而產生錯覺，以為e-Education至今為止的活動都徹底崩潰了。但即使在那樣的錯覺中，我仍想再次回到當地，為他們的教育付出貢獻。

回到工作崗位後，我向夥伴們坦白表示：「我想回孟加拉。」他們笑著回我：「你不說我們也知道。請你盡情放手去挑戰吧。」讓我放心啟程。

這是在我出戰簡報的天下第一武林大會不久之前發生的事。

「我想為了最棒的夥伴們，獻上最出色的簡報。」

這群好得無話可說的夥伴，在我身後給了我力量，讓 e-Education 的活動能一路持續至今。我想讓更多人知道這樣一個團體的存在，所以我非要拿到冠軍不可。

正式上場時，我心裡所想的是，我要為了夥伴們把簡報做到最好。我一心想報答他們的好，於是我變得比過去更有力量，第一次拿下了冠軍。

我在心中發誓，今後我也要為了這群夥伴，盡力做出出色的簡報。

你的身邊有著什麼樣的夥伴呢？

投入簡報的準備後，我們往往會把焦點都放在自己身上，而忘了感謝周遭的人。

但請不要忘記感恩的心。父母、朋友、情人、同事、前輩、後輩……為你的簡報加油打氣的人，絕對不會少，這些人都是你的夥伴。他們對你的簡報產生的共鳴，是超過其他人的。

而且，當我痛苦時，我的夥伴之所以對我伸出援手，並不是因為我是一個強大而正確的領導者，而是因為我就是我，我有我脆弱的一面，我有我一再失敗的時候，大家才會產生共鳴，把我當成自己人那樣照顧。

在製作投影片、設定人格特質等共感簡報的過程中，你必須一而再、再而三地回顧自己痛苦難耐的過往。

當這件事對你來說很困難時，請先從向夥伴傾訴做起吧。在向簡報的聽眾揭露自己的脆弱與失敗之前，不妨先向你的夥伴坦白，得到他們的接納。

身邊最親近的人接納你的痛苦、失敗及過錯以後，一定能讓你建立起自信，相信自己也能在簡報中說出這些故事。而你所用的語言，也將比過去更能穿透人心。

當你害怕沒有人會對你產生共鳴時，請抱著為了夥伴的心情站上講臺吧。如此一來，你一定會湧出一股比以往更強大的力量。

簡報是為了「社會」而做

我在簡報大賽上奪冠時，替我高興的除了在日本的夥伴之外，還有在海外的夥伴，尤其是簡報中介紹到的孟加拉的夥伴們，更是打從心底為我感到開心。

其實，在大賽的兩天之前，我人還在孟加拉。即將回國前，我也在當地的夥伴面前做了相同內容的簡報。

簡報中，我提到我在孟加拉遭遇恐攻事件而心靈受創的事，也提到因此而深深體悟，未來必須更加認真看待當地年輕人的煩惱，以及要實現這樣的未來需要的是 Co-Creation（意指共同創造社會）。

簡報結束後，當地團體的領導人瑪西先生，握住我的手，對我說：

「我可以把我的夢想也託付給你嗎？」

他和我懷抱相同夢想。我們都衷心希望不要再發生第二次恐攻事件，因此我們必須比過去更努力地將希望帶給孟加拉的年輕人。這是我們下定決心要完成的事。

不只他，我是肩負著當地所有夥伴們的心願，挑戰這場簡報大賽。

大賽前一天，我也收到了來自孟加拉夥伴們的加油打氣。我想將他們的心願化為力量，做出最動人的簡報，以實現我們所期待的社會。這樣的心情也成了推動我的助力。

「為了心愛的夥伴們。為了實現理想中的社會。」

我想，一定是我比過去任何一場簡報都更投入感情，才贏得了冠軍。

接下來，未來真的改變了。

ＮＨＫ的人看了我的簡報影片後，決定製作一部紀錄片，名為《即使世界將在明天結束》。他們對我的簡報產生共鳴，決定拍攝並播放一部充滿光明與希望的紀錄片，而不是一條關於孟加拉的悲傷新聞。

將近一小時的長篇紀錄片播出當天，我的社群軟體通知響個不停。我害怕得不敢立刻去看，直到第二天才緊張萬分地打開手機。

「紀錄片好好看！孟加拉人真是太棒了！」

「開人，你真努力。看到那些孟加拉年輕人，我也被他們的活力感染了。」

「看到你熱血地和孟加拉年輕人在一起的樣子，好感動。」

青梅竹馬、棒球社的同伴、大學同學、ＪＩＣＡ的同事、支持著e-Education活動的各界人士、一起追逐夢想的夥伴們，以及我的父母，都捎來了他們溫馨的鼓勵。

我的淚水劈哩啪啦直落。

簡報改變了我的未來。

推動社會的是「人」，而推動人的，既不是正確性，也不是邏輯性，是撼動人心的「共感」。

既然如此，我們要改變看不見前方、令人憂心忡忡的未來，最需要培養的技巧，不正是透過共感打動人心的力量嗎？

簡報具有改變社會的力量，具有讓我們朝著理想社會更進一步的力量。

自己一個人也許什麼也改變不了，但我們能以共感為手段，打動聽者的心，讓他們成為自己的一分子，進而獲得改變社會的巨大力量。

你的簡報是為了什麼，為了讓誰共感而做的呢？

面對今後即將來臨的共感時代

「如今我們更加需要的是共感的能力。」

提倡這種思想的是，中國最大網路公司阿里巴巴的創始人馬雲。二〇一八年他訪問日本時，在早稻田大學舉辦了一場座談會，他在會中說：「今後的領導者需要三個Q。」

- IQ (Intelligence Quotient)……**智力商數：愈高愈容易成功。**

・ＥＱ (Emotional Intelligence Quotient)……情緒商數：只要能克服困難，就會得到更多的機會。

・ＬＱ (Love Quotient)……愛的商數：成功並不代表就會受人愛戴。我們應當成為受到愛戴的人。

只看ＩＱ的時代已經終結了。

比ＩＱ更重要的是ＥＱ和ＬＱ，ＥＱ是自己對他人情緒共感的能力，ＬＱ則是讓他人對自己產生共感的能力。在這個沒有標準答案的時代裡，ＩＱ、ＥＱ和ＬＱ都是領導者必備的技能。這就是馬雲的主張。

這個主張在新冠肺炎感染擴大，導致世人面臨分裂危機的現在，顯得更觸動人心。

「如今，國家該做些什麼？社會該做些什麼？」

當一群人高喊著某項正義時，卻與其他人的正義產生衝突對立，這種事將來一定還會發生。當世界變得愈來愈多元時，持各種不同意見與立場的人也會增加，要找出一個所有人都接受的「答案」，幾乎不可能。

某個人的名正言順，對不同立場的人來說，會變成名不正言不順。某個人的強大，也會在無意中將某個立場弱小的人逼到走投無路。

活在這個前方一片迷茫的時代裡，對我們而言，正確與強大不過是某個單一面向的呈現。因為從別的角度來看，又會展現出全然不同的意義。

那麼，今後我們要以什麼作為共同努力的指標？

那絕對不會是正確性，也不會是強大性。

我想，應該是聆聽不同立場的聲音，與對方共感的能力。

唯有打動人心，彼此產生共鳴，才能讓未來逐漸改變。

在這個沒有標準答案的時代，我們一定會比過去遭遇更多失敗與挫折。甚至有可能昨天的正確答案，到明天就成了錯誤答案。

正因未來無法預測，我們更需要與家人、同事、夥伴，以及社會大眾同心協力，攜手生存下去。

至少當身邊有夥伴時，不管跌倒了幾次，都能一起重新站起來。而得到這種協助者的最強武器，正是「共感簡報」。

這並不限於商務人士。

包括挑戰大學入學考的高中生、尋找工作的大學生，以及每天在工作、育兒和照護的崗位上苦戰的人，只要學會如何以共感為軸，圍繞著共感進行溝通，就一定能讓身邊的人際關係變得更豐盈。

每個人都有自己的不安。沒有人可以僅靠一己之力活下去。

即使如此，我們也一定能以共感為軸，相互理解，相互支持。

因此我認為，在今後的時代裡，「共感簡報」將會成為各行各業的商務人士和社會人士，都必須擁有的技能。

這項技能絕不難，也不需要天分。

只需要對他人共感，以及讓他人對自己共感，如此而已。

後記

「像我這樣的人有資格寫關於簡報的書嗎？」

二〇二〇年一月接到出版邀請的時候，我十分煩惱，因為跟其他出過簡報書籍的作家相比，我的戰績少得可憐，又缺乏自信。我那時心想，是不是等我累積更多經驗後再來寫比較好。

就在此時，新冠肺炎席捲了全世界。

撰寫本書時的二〇二〇年六月，日本政府終於解除緊急事態宣言，但持續要求民眾避免外出。不止日本，新冠病毒擴散到全球，包括我心愛的孟加拉，各國紛紛封鎖國境，國與國的分裂不斷加速，人與人的連結也被截斷。

過去聯繫著人與人的關係性逐漸沖淡，能與自己珍惜的人彼此理解、相互共感的機會，正在以驚人的速度消失。人與人的連結被斬斷了。處在這種危機感中，我再次認識到「共感簡報」的必要性。

邏輯無法打動人心，無論我們再怎麼舉著「我最強大」與「我最正確」的大旗，也無法改變他人的行為，因此講者必須透過揭露自己來撼動聽者的心。這是我從過去苦澀的經驗中領悟的事。

我們身處的今日世界彷彿即將分崩離析，因此我希望更多人能實踐「共感簡報」。我的內心湧現這種強烈感受。

身為一個人我還有不夠成熟的地方，但也許就是因為如此，讀者才更能在我揭開自己的脆弱與失敗時，毫無抗拒感地理解我所要表達的內容。

我一邊這麼祈禱，一邊開始振筆疾書。

希望現正感到不安焦慮的人，能運用「共感簡報」，以自己更真實的樣子與他人建立起連結。若能進一步透過共感，讓自己所珍惜的人，朝著自己期望的方向改變行為，那就再好不過了。

感謝編輯日野直美女士，給了我機會讓這本書問世，並在這段時間提供了許多幫助。撰寫本書時，多虧日野女士不斷對我的做法共感，才能讓我重新體認到「共感簡報」的必要性。因此我在這裡向日野女士以及DIAMOND社的各位，表達我的謝意。

我也由衷地感激主辦了簡報的天下第一武林大會「CATAPULT GRAND PRIX」的ICC Partners的企業代表人小林雅先生。若非小林先生鼓勵當時沒戰績又缺乏自信的我，給了我上臺簡報的機會，就不可能有這本書的誕生。

我還要對在e-Education的工作上認識的國內外夥伴，致上我最大的謝意。即使我的不成熟不斷帶給大家困擾，大家仍接納這樣的我，一直為我加油打氣。因為有你們，才讓我孕育出「共感簡報」。謝謝你們為我做的一切。

感謝拿起這本書閱讀的各位讀者。我衷心期盼各位能利用「共感簡報」開創出屬於自己的未來。

非常感謝各位閱讀到最後。

二〇二〇年七月

三輪開人

附錄

值得參考！

身邊可效法的賢人之簡報

01 稅所篤快先生　NPO 法人 e-Education 創始人

稅所學弟是第一屆「大家的夢想 AWARD 2010」的冠軍，也是目前由我出任代表理事的 e-Education 這個團體的創始人。看完他的這場簡報，令我又感動又嫉妒，也讓我有了「想做出更好的簡報」的想法。

02 垣內俊哉先生　股份有限公司 MIRAIRO 代表董事兼社長

垣內俊哉先生是第三屆「大家的夢想 AWARD 2010」的冠軍。他所經營的公司是從身心障礙者的角度，提供能讓每個人都過得安心舒適的通用設計 (Universal Design)。將身心障礙轉換成價值的發想，以及其強大的信念，都是這場簡報中的精湛之處。

03 教來石小織女士　NPO 法人 World Theater Project 理事長

教來石小織女士是第五屆「大家的夢想 AWARD 2010」的冠軍。她將電影帶給柬埔寨的貧窮孩子們。看到她以輕柔溫和的語調進行簡報後，才發現能讓聽眾產生共鳴的，並非只有激動熱血的闡述方式而已。

04 武藤真祐先生　醫療法人社團鐵祐會　在宅醫療診所理事長

武藤真祐先生在第一屆「社會創新者公志園」中獲得冠軍。他在簡報中，闡述了自己為何成立專門從事在宅醫療（居家醫療）的診所，以及正在進行什麼樣的挑戰。簡報在他從容穩重的語速中展開，但進行到一半，突然氣氛一轉，那瞬間讓我全身爬滿雞皮疙瘩。在學習如何掌握口白緩急上，這是一場十分具有參考價值的簡報。

05 松田悠介先生　認定 NPO 法人 Teach for Japan 創始人

松田悠介先生是第一屆「社會創新者公志園」的出場講者。充滿熱血的態度，使他被譽為教育界的松岡修造（譯註：網球大滿貫賽事打進前八強的八位亞洲選手之一，以「熱血」著稱），但他在簡報中吐露，自己原本缺乏自信，並鮮明地刻劃出，他因為遇見了某位老師後，才開始產生自信，而那段經歷也成了他日後展開活動的契機。

06 谷川洋先生　認定 NPO 法人亞洲教育友好協會 (AEFA) 理事長

亞洲教育友好協會的谷川洋先生是第四屆「社會創新者公志園」的講者。他是在年過花甲後才在亞洲各地展開建立學校的活動，至今建立的學校已超過兩百間。他的口白柔和，言語卻分量十足，令人獲得許多啟發。

07 今井紀明先生　認定 NPO 法人 D×P 理事長

今井紀明先生所從事的活動，是針對接受函授教育的高中生和夜校高中生，提供職涯輔導等各式各樣的課程。他從一開始的寒暄，就一直帶給人活潑爽朗的印象，但途中話鋒一轉的自白，任何人聽了都會大吃一驚。這種反差的運用方式十分值得參考。

08 駒崎弘樹先生　認定 NPO 法人 Florence 代表理事

駒崎弘樹先生從事病童托育、小規模托兒的相關工作，他簡報的厲害之處在於精簡扼要。像他這樣在時限之內，將一個充滿魅力的故事刪減到最少，絕非一件容易的事。若你經常有很多話想說，多到無法在時限內說完，那麼請務必參考這場簡報。

09 三好大樹先生　藝術家／引導師 (Facilitator)

學生時代曾在鄉村銀行實習的三好大樹先生，在 TED 上娓娓道出他在孟加拉學習到的事情。亮點在最後的部分。他每一句話的抑揚頓挫，彷彿已千錘百鍊到滲入骨髓一般，句句強而有力。

10 薄井大地先生　NPO 法人 e-Education 前事務局長

薄井大地先生是 e-Education 前事務局長。他的簡報跳脫了正統的敘事方式，不是從挫敗經驗說起。但因為他解讀事物的角度，和進入故事的方式十分獨特，讓人不知不覺就沉浸在他的故事中。真是為我上了一課。

11 植松努先生　股份有限公司植松電機代表董事社長

植松努先生是植松電機的社長，如果只看他的進場畫面，可能會為他感到有點擔心。然而，一旦開口之後，他的言語竟是如此直入人心，令人眼眶泛淚。我從他精湛的簡報中領悟到，即使不擅長說話，也能撼動聽者，讓聽者產生共鳴。

12 長岡秀貴先生　認定 NPO 法人侍學園 Scuola · 今人理事長

長岡先生的簡報一開始的幾分鐘，一直在講跟正題完全無關的內容，相信聽眾一定都覺得很意外。他的厲害之處在於，即使如此，他還是能在預設的時間內將內容說完。他用留白與幽默為簡報增色的手法，十分值得學習。

13 小室淑惠女士　股份有限公司 WORK-LIFE BALANCE 代表董事社長

小室女士從個人經驗開始談起，包括第一胎出生後的育兒困擾，以及與丈夫的激烈口角等等，再銜接到勞動時數過長的日本社會問題，這個話題導入的部分，簡直就是簡報中的模範。她用數字清楚說明社會問題，也是十分值得參考的地方。在情感共鳴與理智接受的比例拿捏上，這場簡報可說是教科書等級。

14 BLACK 先生　溜溜球表演者

在二〇一三年美國加州的 TED 大會上，臺上出現的唯一一位日本講者，就是溜溜球表演者 BLACK 先生。想要抓住人心，不一定要使用語言，請各位務必親自見識一下這個道理。我非常喜歡這場簡報，已經看過不下幾十回。

15 鶴田浩之先生　股份有限公司 LABOT 代表董事

這支影片是鶴田先生在年僅二十歲時做的簡報。他年紀雖輕，表現卻很沉穩，並在 IVS 2011 Fall Launch Pad 中拿下了冠軍。你能從這支影片感受到，他是靠著策略、巧思，加上不斷的練習，彌補了經驗上的不足。

16 重松大輔先生　股份有限公司 Space Market 代表董事社長

重松先生說話強而有力，簡報充滿速度感。人格特質屬於「開朗」、「有朝氣」的人，應該可以從中找出許多值得參考的地方。此外，在服務案例介紹上，他透過親阿姨的例子，傳達出服務的大致內容，這樣的做法非常有助於聽眾理解。

17 杉江理先生　WHILL 股份有限公司代表董事兼 CEO

杉江先生是新世代電動輪椅 WHILL 的開發者。他說話強而有力，加入大量使用者意見的展示影片，也十分觸動人心。最讓人心動的時刻是，當杉江先生乘坐著 WHILL 出場的瞬間。這是一場百聞不如一見的簡報。

18 金谷元氣先生　akippa 股份有限公司代表董事 CEO

金谷先生是「IVS 2014 Fall Kyoto Launch Pad」的冠軍得主。奪冠後，他在自己的部落格上，分享了自己的簡報練習方法。這支影片中特別值得參考的是，簡報開頭的三十秒。只花三十秒鐘，就說明完公司的服務內容，不帶任何贅句，足以成為許多人的參考範本。

19 宮田昇始先生　股份有限公司 SmartHR 代表董事 CEO

宮田先生的企業是提供雲端勞務管理軟體，其簡報的完成度極高。此外，宮田先生的簡報中，有一個絕對不會冷場的導入部分，第一次聽到會瞠目結舌，就算聽了兩次以上還是會嘴角失守。關於如何製造與聽者的交集，其內容非常值得參考。

20 安田瑞希先生　股份有限公司 FARMSHIP 代表董事

安田先生在說明植物工廠時，只說必要的重點，讓聽眾聽完內容後，可以輕鬆地理解植物工廠有著多大的商機。安田先生的厲害之處在於，他對問題的設想能力。他很準確地捕捉到聽者想知道什麼，並將必要的資訊不多不少地傳達出來。這種能力在簡報上是十分重要的技術。

21 加藤史子女士　股份有限公司 WAmazing 代表董事社長 CEO

加藤女士的簡報中令我佩服的是，她所使用的各種簡短標語，例如「免費的魔法」、「掌中的旅行社」等等。要在短時間內介紹企業服務或市場時，加藤女士的選詞用字，是十分值得參考的對象。

22 吉藤健太朗先生　股份有限公司 Ori 研究所代表董事 CEO

吉藤先生同時也是第四屆「大家的夢想 AWARD 2010」的冠軍得主，他的簡報主題是「化解孤獨」。主題明明如此沉重，吉藤先生卻能以幽默感和他自己獨特的故事來闡述，使得整場簡報從頭到尾笑聲不斷。透過他的簡報可以學習到，只要在簡報中放入美好的未來和一點點笑料，就能提高拉攏聽者成為支持者的可能性。

23 村田早耶香女士　認定 NPO 法人 Kamonohashi Project 共同創辦人

村田女士在挑戰的是，解決亞洲的雛妓問題。在溫柔的話語中，流露出的是她堅強的意志。對於所有正面迎戰嚴肅課題的人來說，這是一場十分具有參考價值的簡報。

24 川口加奈女士　認定 NPO 法人 Homedoor 理事長

川口女士為了解決街友問題而在大阪推廣活動。她的厲害之處在於，透過大量的上臺次數而培養出的真實自然的說話方式。她在面對眾人時，也能彷彿一對一說話般的發言風格，應該是許多人會想效法的榜樣。

25 村岡浩司先生　股份有限公司一平 Holdings 代表董事社長

村岡先生正在奮鬥的目標是「打造出令世界憧憬的九州」。簡報後，他在自己的部落格上寫著「為了九州的農家、地方上的夥伴」，讓人清楚明白他的簡報是為了誰而做。我從他的簡報中學到，當一個人對一件事投入的情感夠深厚時，就能打動人心。

26 宇井吉美女士　股份有限公司 aba 代表董事

宇井女士在 ICC FUKUOKA 2020 的「REALTECH CATAPULT」上獲得冠軍。在談論他們所提供的高科技排泄感測器的服務時，她沒有針對性能大肆宣傳，而是將他們的專業「翻譯」成大家都聽得懂的語言，介紹他們能解決什麼樣的課題，讓聽者能在腦中勾勒出栩栩如生的現場景象。這是一場十分具有參考價值的簡報。

27 杉山文野先生　跨性別平權運動者

杉山先生的厲害之處在於他的語言使用。他利用貼近生活的語言，將生硬數值「7.6%」置換成「比神奈川縣的人口還要多」，這種細節上的用心，能讓所有聽者一聽就理解到性少數的現狀。若有需要在自己的簡報中，介紹難懂的現象或複雜的社會問題時，務必參考這支影片。

28 藤原和博先生　教育改革實踐者

這是藤原先生在 GLOBIS 商務技能學校所做的簡報，時間超過一小時。當簡報時間這麼長時，在內容的架構和發展方式上，都需要做出巨大的改變。要在長時間中不讓聽者失去興趣，就必須祭出各式各樣的手段，像是刻意岔題、向聽眾提問等等。這個簡報能提供許多這方面的啟示。

29 孫正義先生　軟銀集團股份有限公司代表董事會長兼社長

最後要介紹的是，孫會長在「飛翔吧！留學 JAPAN」的餞行大會上，送給大學生們的臨行祝福。這裡我想強調的是，孫會長是日本最忙碌的經營者，但他為大學生們抽出時間，建構出一段自己的演說。一個打動人心的出色簡報，就是從為了眼前的人全力以赴開始做起。

國家圖書館出版品預行編目資料

共感簡報：改變自己、也改變他人的視覺傳達與溝通技巧／三輪開人著;李璦祺譯.－－初版一刷.－－臺北市：三民，2022
　面；　公分.－－（職學堂）
　譯自：100%共感プレゼン：興味ゼロの聞き手の心を動かし味方にする話し方の極意

ISBN 978-957-14-7379-6（平裝）
1. 簡報 2. 說話藝術

494.6　　111000323

|職學堂|

共感簡報：改變自己、也改變他人的視覺傳達與溝通技巧

作　　者｜三輪開人
譯　　者｜李璦祺
責任編輯｜翁英傑
美術編輯｜陳祖馨

發 行 人｜劉振強
出 版 者｜三民書局股份有限公司
地　　址｜臺北市復興北路 386 號 (復北門市)
　　　　　臺北市重慶南路一段 61 號 (重南門市)
電　　話｜(02)25006600
網　　址｜三民網路書店 https://www.sanmin.com.tw

出版日期｜初版一刷 2022 年 3 月
書籍編號｜S541510
I S B N｜978-957-14-7379-6

100% KYOUKAN PUREZEN
by Kaito Miwa

三民書局